發現單擺原理

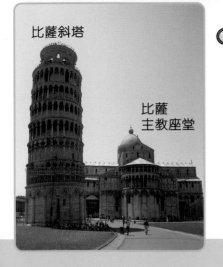

比薩斜塔

比薩
主教座堂

我們……
比薩……
堂，……
現「……
一刻……

1581 年伽利略在主教座堂看到搖擺的吊燈，遂用脈搏計算它多次來回的時間，竟發現所需時間差不多，因而開始研究「單擺原理」。

甚麼是單擺？

單擺（pendulum）由繩與錘組成。將繩的一端固定，另一端繫着重物成為擺錘，如右圖一般。

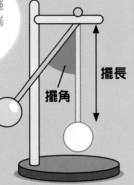

擺長

擺角

擺錘

大偵探時計鐘擺來回擺動的情形就如單擺一樣。

單擺的能量轉換

單擺活動是能量轉換的過程。

① 擺錘在最高點 A 儲存着位能。

④ 擺錘升至最高點 C 時，動能完全轉變為位能，再因重力向下滑，周而復始。

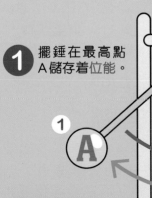

① A ② ④ C

② B ③

② 擺錘因重力而下滑，位能減少，動能增加。

③ 當擺錘到達最低點 B，動能增至最大，將擺錘推向另一邊。

鞦韆也是一種單擺，依靠位能與動能交替來回擺動。

單擺的等時性

單擺擺動一次需要的時間稱為「週期」。伽里略發現若擺長（繩子長度）不變，就算改變擺錘的大小或擺角，都不會影響擺動次數的平均時間，這稱為「單擺的等時性」。

實驗 1 改變擺錘大小：擺長及擺角固定不變，三者的擺動週期的相差極微。

實驗 1 也間接證明伽里略「自由落體理論」的論述。

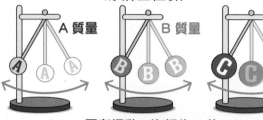

三者擺動一次都約 1 秒

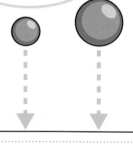

從相同高度投下兩個不同質量的球，結果是同時著地，代表落下的速度相同。

實驗 2 改變擺角：擺長及擺錘固定不變，同樣三者的擺動週期都是差不多。

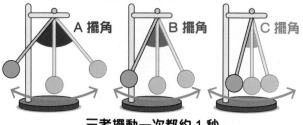

三者擺動一次都約 1 秒

實驗 3 改變擺長：縱使擺錘大小及擺角都固定不變，三者的擺動週期卻有明顯偏差。

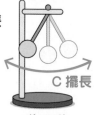

約 2 秒　　　　約 1.5 秒　　　　約 1 秒

單擺有力盡嗎？

撤除人為阻力，單擺的擺幅會因空氣摩擦力而慢慢減少，最終讓擺錘停在垂直中央點。

擒縱器

擒縱器鈎子

Photo by Benjamin Rascoe

如何延長擺動時間？

若單擺在真空狀態，且繩索的接駁位置沒有摩擦力，就可一直擺動。而在地球這種非真空環境，可在擺鐘機芯加裝擒縱器或製作巨型單擺，延長擺動時間。

惠更斯擺鐘

這是以他命名的惠更斯擺鐘（Huygens clock），當時還未有秒針呢。

我們再到 17 世紀的荷蘭，看看物理學家惠更斯和他的擺鐘。

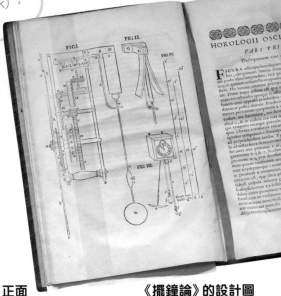

　　1653 年惠更斯發表《擺鐘論》，並在 1656 年發明第一座擺鐘（pendulum clock）。他利用擺錘「單擺的等時性」，配合擒縱器（escapement）去控制機芯的齒輪組，讓鐘面的時針及分針規律轉動。

正面

《擺鐘論》的設計圖

擺鐘為何發出「滴答」聲？

這是擒縱器運作所致啊！

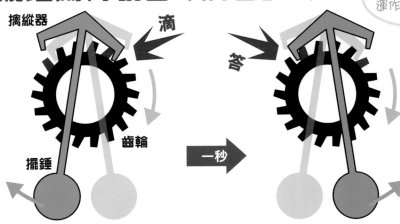

擒縱器　滴　答

齒輪

擺錘　一秒

　　擺錘與擒縱器連接在一起。當擺錘晃動，擒縱器兩邊的鈎子亦隨之擺動，一下一下地卡着時針及分針齒輪組，使其定時轉動。鈎子每次碰撞齒輪時就發出聲響，於是產生規律的「滴答滴答……」聲。

羅馬數字鐘面之謎
用 IIII 取代 IV？

　　今日羅馬數字「IV」代表阿拉伯數字「4」，但為何鐘面卻用「IIII」，而不是「IV」呢？

　　有說是法國皇帝查理五世不喜歡「IV」暗示「五減一」，遂改為遞增的「IIII」替代。也有說設計師為避免「IV」在視覺上容易跟其他羅馬數字混淆，就用「IIII」替代「IV」。建於英國西南部 14 世紀末的韋爾斯座堂，就是首批在鐘面使用羅馬數字「IIII」的建築。

其他例子有日本札幌市的時計台鐘面也用 IIII 標示。

巴黎的傅科擺

之後我們到 18 世紀的法國，看到鐘擺還可證明地球自轉呢。

用鐘擺實證地球自轉

早在 16 世紀天文學者哥白尼提出地球自轉論，至 17 世紀的牛頓認為若從高處拋下物件，物件落下的軌跡會因地球自轉而稍為偏移，但這些都只是理論。直到 1851 年法國物理學家萊昂·傅科（Léon Foucault）在巴黎先賢祠製作巨大單擺：傅科擺（Foucault pendulum），實證了地球自轉的微妙變化。

傅科擺的結構

擺長
從拱頂懸掛一條長達 67 米的繩，使單擺擺動周期長達 16.5 秒，能清楚看到擺動軌跡。

擺錘
吊着重 28 公斤的大質量擺錘，維持擺動的規律，減低空氣阻力。

軌跡記錄
沙盤記錄了擺錘指針走過的軌跡。圖中擺動僅為概念示範，現實的擺動軌跡差距輕微。

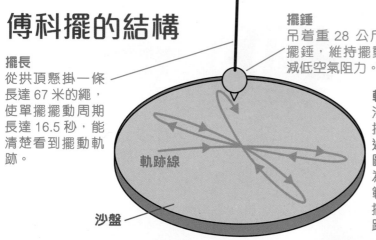

軌跡線

沙盤

軌跡線（鳥瞰）

在北半球示範時軌跡線會順時針轉。

證明地球自轉的推論

傅科在傅科擺上示範了每個擺動周期都有數毫米的偏差，旋轉一圈約用了 30 小時 50 分鐘，由此佐證地球正在自轉。

 地球沒有自轉
單擺維持在原有軌道上擺動。

 地球會自轉
地球自轉令單擺緩慢地偏離原來的軌跡，並不在同一直線上擺動。

骨牌

擺錘

▲許多城市科學館，如北京天文館、東京國立科學博物館都設有傅科擺作為教具。有的傅科擺更以推倒不同角度的骨牌，證明擺動平面的軌跡。

當代最流行的石英鐘

石英鐘機芯的結構

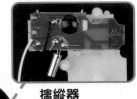

集成電路（IC）

最後我們返回現代，開始研究最流行的石英鐘（Quartz Clock）！

石英礦石

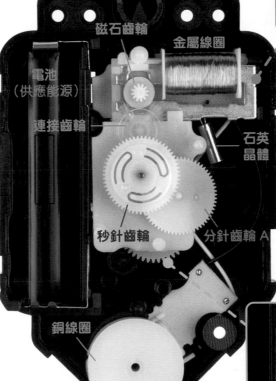

第一層結構

磁石齒輪

金屬線圈

電池（供應能源）

連接齒輪

石英晶體

秒針齒輪

分針齒輪 A

銅線圈

第二層結構

擒縱器
含有石英晶體，配合集成電路，產生規律振動，也產生「滴答」聲。

秒針齒輪
移動時會慢慢推動分針齒輪，使時鐘運轉。

分針齒輪 A
分針齒輪亦會推動與之相連的時針齒輪。

時針齒輪（底）

連拉齒輪（面）

分針齒輪 B

石英鐘的功效：壓電效應

石英是一種礦物，具壓電性質，只要向其施加壓力就會產生電能。相反，若有電流通過，它便會產生輕微改變而出現穩定的震動。

石英鐘以此原理，利用集成電路將石英的震動週期換算成每一秒的訊號，令擒縱器可逐秒推動秒針齒輪，使時鐘運轉。

我們設計的大偵探時計，綜合了機械擺鐘以及石英鐘的兩者優點呢！

做得好！

磁石

銅線圈

為何鐘擺有磁石？

大偵探時計的機芯下方是一組銅線圈，而鐘擺的擺錘則是一塊磁鐵。當機芯通電後，銅線圈就變成了電磁鐵，並與擺錘的磁鐵相斥。每當擺錘經過銅線圈時，就會被斥力推動，由此令鐘擺不斷擺動。

石英鐘取代機械鐘

1950 年代石英機芯面世，其準確度比機械機芯的高，製作成本低。1969 年日本推出全球首款石英手錶，其後價廉物美的石英鐘錶逐漸普及。機械鐘錶因其機芯工藝既精密又美麗，部分知名品牌錶轉型為具收藏價值的奢侈品。

◀常見的兒童手錶都是石英手錶。

古代計時工具的優缺點

就讓你們見識一下古人的計時智慧吧！

日晷（日規儀）

日晷（音：軌）是最原始的時鐘，利用陽光和受照射物體的影子來測定時間。古埃及人把影子的移動範圍分成 12 個時段，這便是現今 12 小時制的雛形。

優點
結構簡單，毋須特別保養。

缺點
晚上、陰天或雨天無法使用。

太陽
影子
日晷原理

燃燒時計

觀察燒剩的燃料多寡來計時，如 7 世紀唐代的僧侶和文人就用一柱香計時。

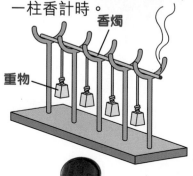

香燭
重物

宋朝 龍舟香漏
◀ 在橫放的香燭上掛重物。當香燭燒短了，重物就會掉下而自動報時。

西洋蠟燭鐘
◀ 架上有時間刻度，蠟燭熔化代表時間經過。由於燭光照亮刻度，故晚上也能看時間。

Photo by Flyout /
CC BY-SA 3.0

優點
結構簡單，具自動報時功能。

缺點
有失火風險。空氣濕度會影響燃燒速度。

公元前 3000 年

公元前 1550 年

約 600 年

1300 至 1550 年

現代

水鐘（漏刻／銅壺滴漏）

指針
浮物

它讓水流出或流入容器，再按水位變化計時。

最古老的泄水式水鐘在埃及出土，後來其他國家也發展出受水式或浮標式水鐘。

如上圖是一款浮標式水鐘，水不斷流進容器，當中的浮物就會隨水量增加而慢慢浮起，令上方的指針上升，從而標示時間變化。

優點
環保循環用水，無論日夜晴雨都能用。

缺點
天氣乾燥時水分加速蒸發。天氣寒冷時結冰，左右流速從而出現時間誤差。

沙漏（沙時計／沙鐘）

根據流向下方的沙量來計時。

據說沙漏由水鐘修改而成，以沙代水，就不怕蒸發或結冰。

優點
不受天候影響，方便攜帶，可作短時間的倒數計時。

缺點
一旦打翻，就會產生誤差。而且用多個沙漏或特製巨型沙漏才能標示長時間。

航海家麥哲倫的船隊中，每艘船都設有 18 個沙漏！

當今最先進計時工具：銫原子鐘

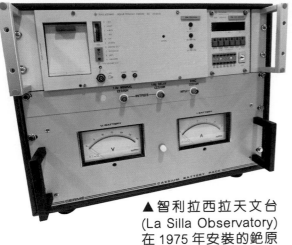

▲ 智利拉西拉天文台 (La Silla Observatory) 在 1975 年安裝的銫原子鐘。

看了這麼多計時工具，現在哪一種最準確呢？

原子鐘是現今最準確的超級時鐘，世界各地的天文台都以它計時。

一般電腦的作業系統及智能手機的內置時鐘，都能利用互聯網跟相關的原子鐘時間同步。

美國於 1950 年代起開發原子鐘（Atomic Clock）授時，後來科學界發現銫 -133* 原子的共振頻率更穩定，遂以它取代石英晶體去測定時間，世界各地天文台包括香港都用銫原子鐘授時。

*銫（音：色）

香港天文台授時準確度達到每日 0.01 微秒之內。最先進的銫原子鐘更可在 1 億 4 千萬年內誤差不超過 1 秒。

1 微秒即是多少秒？

$$1 微秒 \text{(microsecond)} = \frac{1}{1,000,000} 秒$$

中式時間表示法：十二時辰

古代中國將一天分為十二段，以今日兩小時為一段單位，稱為「時辰」。時辰以地支表示，從 23：00 算起兩小時為子時，01：00～03：00 為丑時，如此類推。

這是日本岐阜市刻上十二時辰漢字的「和時計」。

◀ 中國的時辰概念東傳日本，日本將十二時辰與西洋鐘的阿拉伯數字鐘面合二為一，成為獨特的「和時計」（日式時鐘）。

申時即是 15：00～17：00

 海豚哥哥 自然教室
 動物
 環保生態協會 Eco Association

中華白海豚 也移民？

近來很多朋友問我：「白海豚也移民了嗎？新聞也常說沒發現海豚蹤影！」

我們仍在香港呀，沒有移民，只是搬了家，來新地址「大嶼山以西水域」探我們吧！

©海豚哥哥Thomas Tue

在香港生活的中華白海豚（Chinese White Dolphin），是印度太平洋駝背海豚（Indo-Pacific Humpback Dolphin，學名：*Sousa chinensis*），以往主要住在大嶼山以北水域，包括大小磨刀洲、沙洲及龍鼓洲一帶。可是近年海上工程頻繁，所以牠們已很少在此出沒，並游至大嶼山以西的雞翼角和西南的分流一帶水域棲息。

根據漁護署最新的資料顯示，中華白海豚現時的數目只有37條，而且仍有下降趨勢，港珠澳大橋工程完成至今，仍然未見有海豚返回大小磨刀洲一帶的跡象，而2020年共有11條擱淺記錄。

如果你是在香港海域生活的白海豚，此刻你的願望會是甚麼呢？請電郵告訴海豚哥哥，電郵地址: thomas@eco.org.hk

◄中華白海豚是高智慧生物，懂得用語言與同伴溝通。

►在大嶼山北面水域，日間很久沒看見白海豚的蹤影，但用來研究牠們的水底監察記錄儀卻在晚間測出牠們的聲音。

©海豚哥哥Thomas Tue

©海豚哥哥Thomas Tue

◄有資料顯示，過去20年，在香港共發現186條初生海豚BB，當中竟有85條海豚BB未能活超過兩歲，出生率也持續下降！

如發現有海豚擱淺或嚴重受傷，請即致電1823報告情況，救救白海豚！

收看精彩片段，
請訂閱Youtube頻道：
「海豚哥哥」
https://bit.ly/3eOOGlb

 海豚哥哥簡介
f 海豚哥哥 Thomas Tue

自小喜愛大自然，於加拿大成長，曾穿越洛磯山脈深入岩洞和北極探險。從事環保教育超過20年，現任環保生態協會總幹事，致力保護中華白海豚，以提高自然保育意識為己任。

機械

所謂「欲窮千里目，更上一層樓」，愛因獅子、頓牛和居兔夫人登上觀景台欣賞美麗的風景。

製作難度：★★★★☆

製作時間：1 小時

迷你觀景台

正文社 YouTube 頻道

嘟一嘟在正文社 YouTube 頻道搜索「#197 科學 DIY」觀看製作過程！

玩法

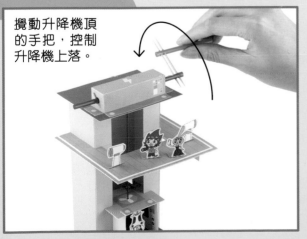

攪動升降機頂的手把，控制升降機上落。

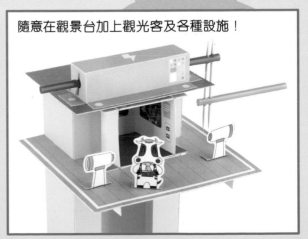

隨意在觀景台加上觀光客及各種設施！

製作步驟

材料：硬卡紙、繩、飲管、牙簽　　　工具：剪刀、剝刀、膠紙、竹簽、白膠漿、剪鉗

1

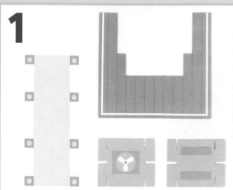

將觀景台、機廂地板及機廂頂的紙樣貼在硬卡紙上再修剪，而機身及轉軸箱紙樣則直接裁剪。

2 在機廂頂的標示位置戳洞。

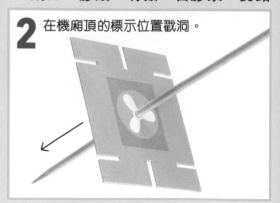

3

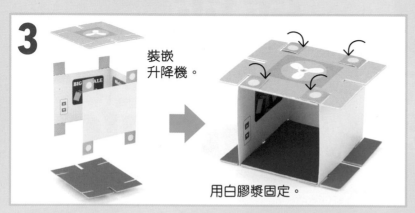

裝嵌升降機。

用白膠漿固定。

6 把硬卡紙摺成升降機軌道，並將升降機安裝在兩條軌道中間。

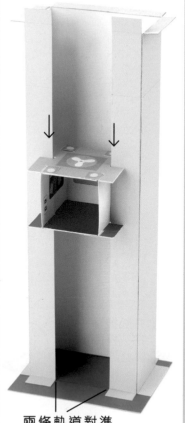

兩條軌道對準地基上的線。

7 把升降機拉到底，確定升降機軌道不會卡住升降機，然後把升降機軌道貼在地基上。

4 剪出兩張 10cm × 8cm 的硬卡紙，作為地基及升降機槽的頂。

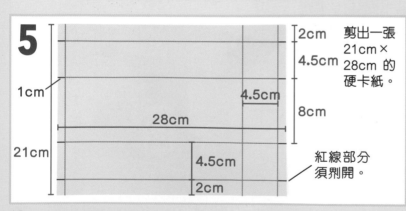

5cm　5cm

8cm

2.5cm

頂

在頂的所示位置戳洞。

8cm

2.5cm

地基

5

2cm

4.5cm

1cm

4.5cm

28cm

8cm

21cm

4.5cm

2cm

剪出一張 21cm × 28cm 的硬卡紙。

紅線部分須剝開。

8 黏貼升降機槽的頂部。

兩條軌道對準升降機槽頂部的線。

9 剪出一枝 14cm 長的飲管，中間戳洞，並穿過一條 50cm 長的繩。

在末端打結。

10 摺出轉軸箱，並在所示位置戳洞。然後把飲管穿過兩個洞。

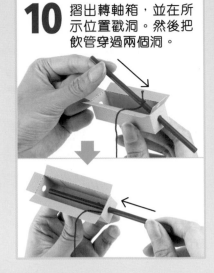

11 把轉軸箱貼在升降機槽頂，飲管兩邊插上牙籤，並加上用飲管及牙籤製成的手把。

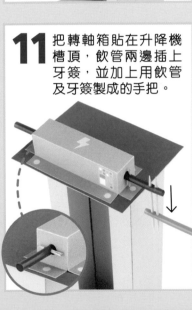

12 繩的另一端穿過升降機頂的洞。

在接近繩的末端打結。

13 在左右兩邊距離升降機槽頂 4.5cm 的位置，分別裝上一個 L 字架。

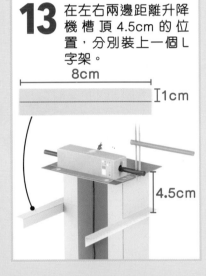

8cm

1cm

4.5cm

紙樣

轉軸箱

沿實線剪下

沿虛線向內摺

沿虛線向外摺

黏合處

❌ 開孔

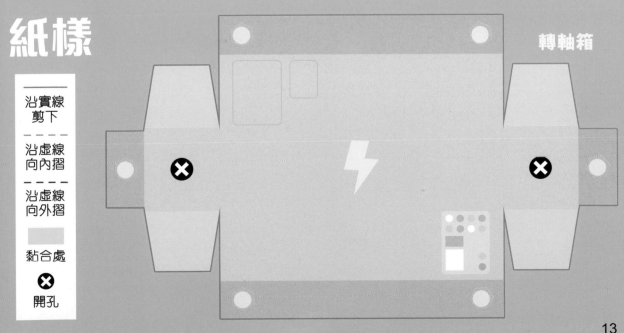

14

貼上觀景台。

貼上人物紙樣及望遠鏡。

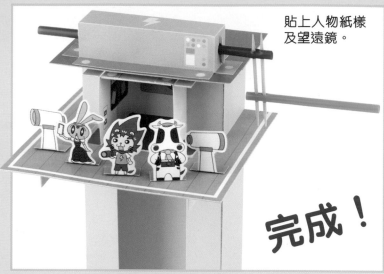

完成！

升降機如何運作？

升降機由一條連接摩打的鋼纜牽引。當摩打轉動時，就可令升降機上升或下降。此外，由於升降機沿垂直的軌道升降，所以不會左搖右擺。

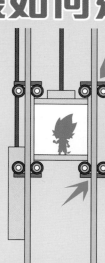

軌道亦可用作緊急剎車系統的一部分。當升降機需要緊急剎停時，剎車器的金屬片會緊緊夾住軌道，用摩擦力來減速。

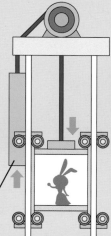

秤錘

現實中的升降機通常連着一個秤錘。秤錘的重量跟升降機滿載時的重量相約，因此兩者大部分重量能互相抵銷，大大減低摩打所需牽扯的重量。

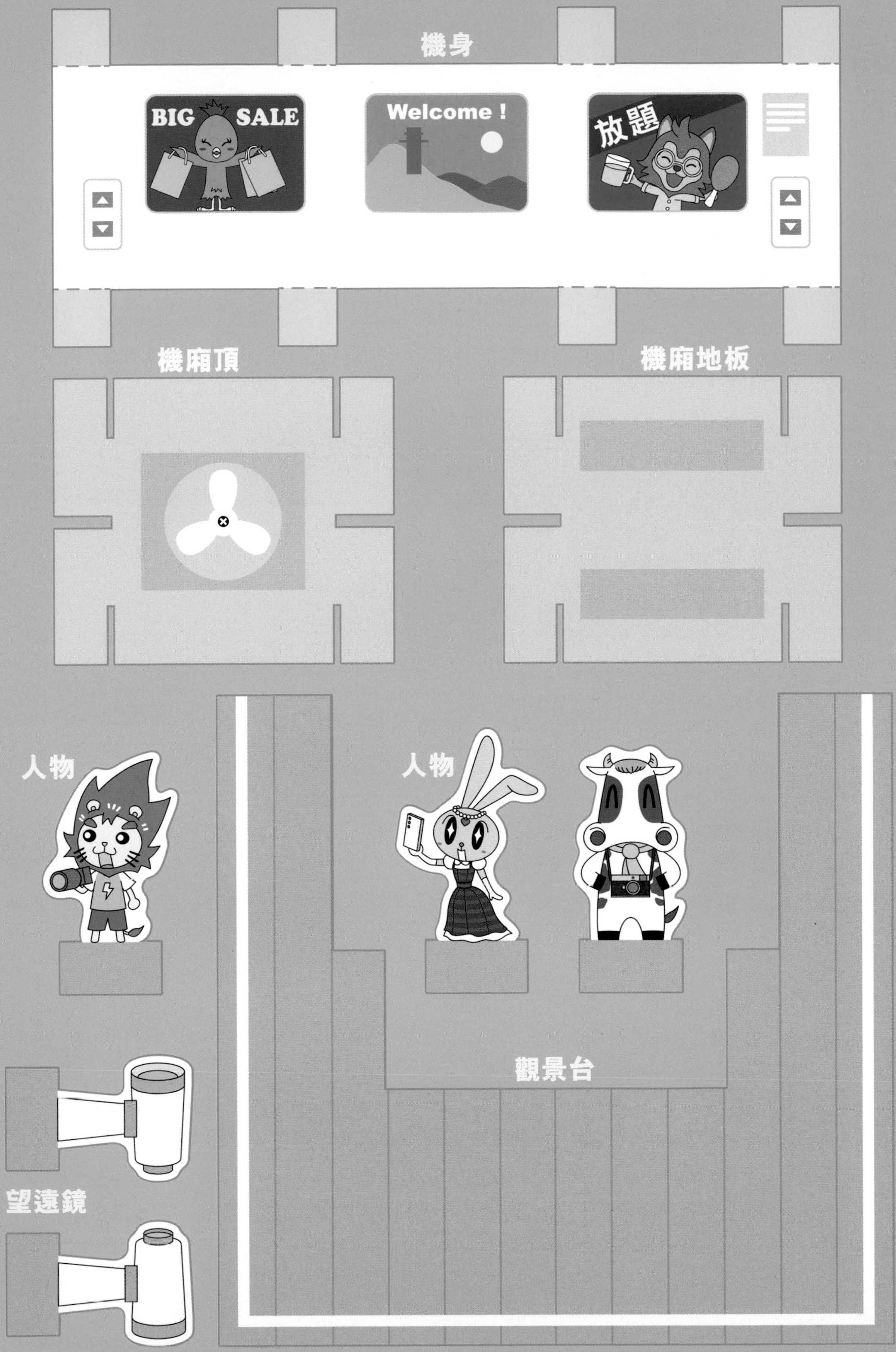

機身

BIG SALE

Welcome !

放題

機廂頂

機廂地板

人物

人物

觀景台

望遠鏡

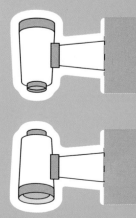

地理

正文社 YouTube 頻道

嘟一嘟在正文社 YouTube 頻道搜索「#197 圓滾滾星球實驗」觀看過程！

圓滾滾星球實驗

萊萊鳥和特特鳥參加了星際定向比賽，要到不同的星球去。可是二人因首次參加，感到十分緊張，於是找瓦特犬和亞龜米德指導她們。

老師，今天不是訓練星際定向嗎？為甚麼你們都穿着球衣？

就是要訓練才穿球衣！

因為要用這籃球上理論課啊。

你們先想像自己在一顆籃球行星上……

行星旅行問題

如果特特鳥在籃球行星上按此路線行走：

1. 由北極點出發，向南走 N 公里到達赤道；
2. 然後往東走 N 公里；
3. 最後轉向北面，也走 N 公里；結果，她距離北極點多遠？

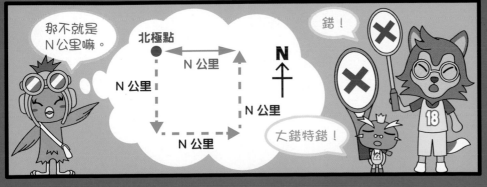

那不就是 N 公里嘛。

北極點

N 公里

N 公里

N 公里

N 公里

N

錯！

大錯特錯！

錯？為甚麼？

17

用這籃球做實驗就能找出答案了!

所需用具:籃球(其他體積相近的球或地球儀也可)、紙、剪刀、萬用貼、膠紙

⚠ 請在家長陪同下使用刀具。

用籃球的氣孔代表北極點。

這條橫向的黑線在球的南北極中間,表示赤道。

1 剪出一條闊1cm的紙條,一端貼着北極,再緊貼黑線向南拉。然後用筆標記跟赤道相交的位置。

2 將紙條取下,剪去標記下方多出來的部分,並按此修剪後的長度,再複製出兩條紙條,如圖黏貼。

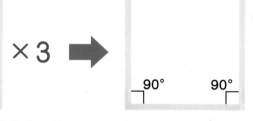

×3 ➡

90° 90°

每條紙條都代表 N 公里。

3 按問題指示貼上紙條,模擬特特鳥的行走路線。

1. 先向南走 N 公里。

3. 最後向北走 N 公里。

2. 到了赤道後,向東走 N 公里。

回到了北極點!

平面世界 VS 球面世界

用平面和球面來思考同一問題,得出的答案也會不同啊。

人們在考慮方向問題時,往往假設地球是平的。如果移動距離不長,就算把地球當成平面,誤差也很小。可是,若移動距離很長,就不能把地球當成平面量度,否則造成的誤差甚大。

例如在一個接近赤道的細小範圍內,先向南走 N 公里,再向東走 N 公里,最後向北走 N 公里,那麼起點跟終點的距離就很接近 N 公里。

如果往南及往北的移動距離很長,起點及終點的距離就會跟 N 公里相差很遠。

將平面圖形換到球體上面，樣子就截然不同了。

舉一個例子，一個有三條直邊和三個頂的圖形，就是三角形。

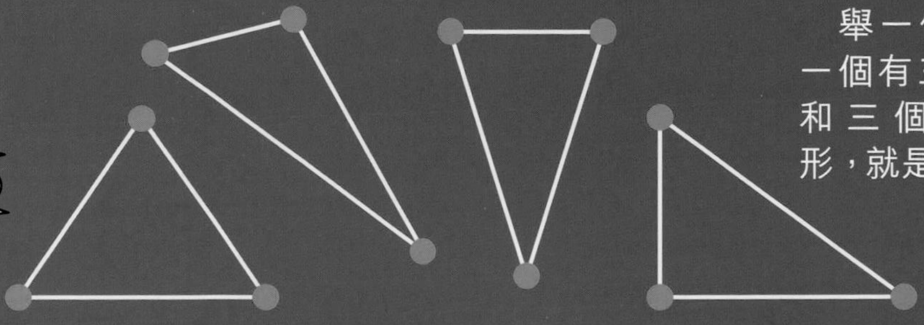

—— 邊
● 頂

在平面上的三角形，其內角總和一定是 180 度。如果那是等邊三角形，每隻內角則一定是 60 度。

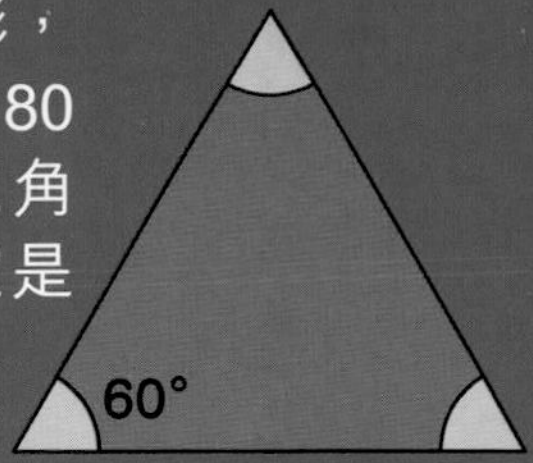

60°

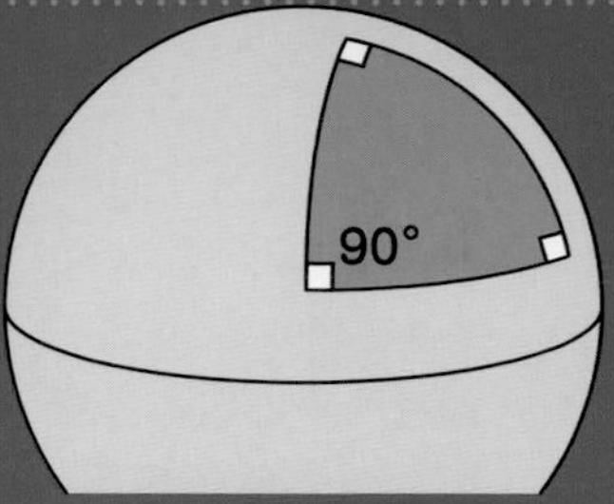

90°

然而，球面上的三角形內角總和卻不固定，而且都大於 180 度。若是等邊三角形，每隻內角則是 90 度。

再舉一例，直線是指兩點間沿着表面的最短距離，但平面上和球面上的直線樣子卻不盡相同。

平面上的直線

A

B

球面上的直線則是連接兩點的圓弧。

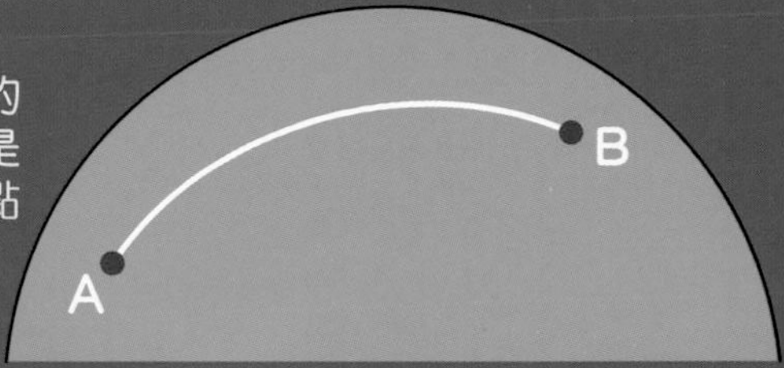

A

B

墨卡托投影

其實你想像出來的這幅地圖有問題．

你怎知道我這樣想的？

聽你的答案就知道啦。

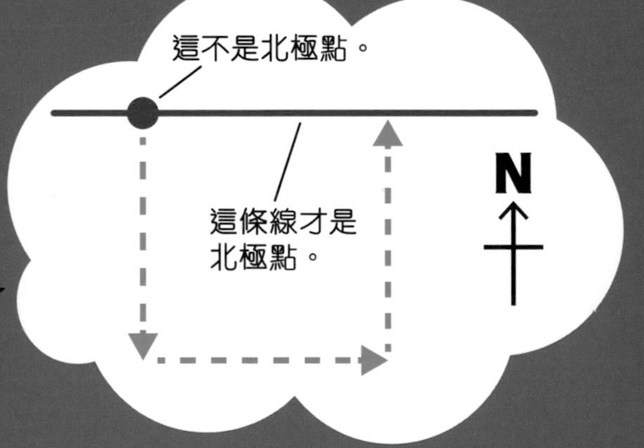

這不是北極點。

這條線才是北極點。

N
↑

所需用具：籃球（其他體積相近的球或地球儀也可）、紙、剪刀、萬字夾、萬用貼、膠紙、繩、間尺

為甚麼北極點變成了「北極線」？

因為很多地圖都是用墨卡托投影繪製出來的，我來示範一下它的原理。

1 如圖用 4 張 A4 紙的長邊接駁成一個大長方形。

2 將接駁好的 A4 紙捲成圓筒狀，剛好繞着籃球。

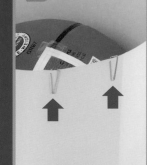

3 重疊的部分用萬字夾扣好。

4 先取走紙筒，在籃球上選 4 點，如圖用萬用貼標記。

在兩條由北極放射的直線紙條上、近北極的地方，分別取 A 和 B 兩點。

在近赤道的地方，分別取 C 和 D 兩點。

5 放上圓筒圍着籃球，A 點及 B 點的萬用貼插上牙籤（切勿刺穿籃球），並須指着北極及呈水平狀。

6 用箱頭筆（或其他筆）標記 A 點及 B 點牙籤指着的位置，還有 C 點及 D 點萬用貼觸碰圓筒的位置。

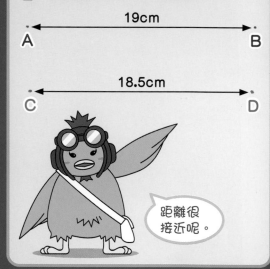

7 移除萬字夾，把圓筒還原成平面，並量度 AB 及 CD 的距離。

A ←—— 19cm ——→ B

C ←—— 18.5cm ——→ D

距離很接近呢。

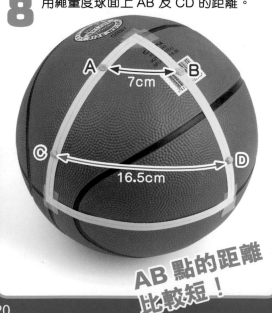

8 用繩量度球面上 AB 及 CD 的距離。

A ←→ B
7cm

C ←————→ D
16.5cm

AB 點的距離比較短！

由此可見，墨卡托投影製成的地圖跟現實是有差距的。

幾乎完美的地球
VS 不完美的平面

　　地圖是一個平面，但地球卻幾乎是一個球體。要用平面呈現球面的地貌，又要它不變形，這是不可能的。於是，地圖工匠多使用投影來製作地圖，而墨卡托投影就是其中一種。

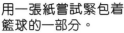

只要嘗試這個實驗，就知道球面是不能直接變成平面的。

用一張紙嘗試緊包着籃球的一部分。

若不把紙弄皺或修剪，是無法做到的。由此可見，直接把平面彎曲變成球面，或是把球面攤平變回平面都是不可能的事情。

於是地圖工匠改用投影的方法，犧牲部分準確度，但求將球面的地貌用平面來表示。

正射切面投影是較簡單的方法，直接將球面上各處位置，像光線般「投射」到平面上。

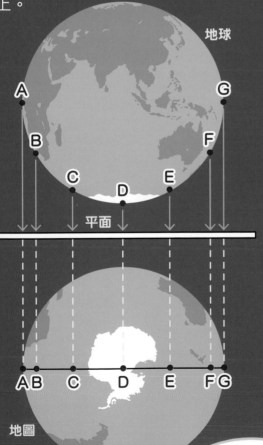

▲原本 A 至 G 之間的距離相等，但經投影後，愈近地圖邊緣，每點之間卻愈來愈近，地圖中間的偏差則很小。

本實驗的墨卡托投影，則是將地球正置（即自轉軸垂直，北極向上），然後將地球各個點，以地軸為圓心向圓筒內壁投射。

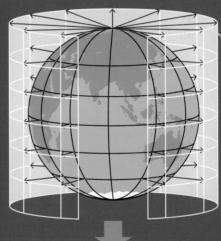

北極點可向四方八面投影，因而被無限放大，形成一條線。

◀格陵蘭的大小被誇大到有非洲一半大，實際上卻只有非洲的 14 分之 1。

▲雖然此方法最常用，但也有其缺點，地圖上的位置愈近南北兩極，其地形大小就愈被誇大。在左頁的實驗中，地圖上 AB 的長度比球面上 AB 的長了一倍，就是這個原因。

不同地圖的最準確位置都不同，所以你們要因應自己的位置，選用不同的地圖，不能一張地圖用到底啊。

我明白了！

21

我們互相出題，一決勝負吧！

好，放馬過來！

智慧大比拼

Q1

如何只切3刀，就能把這個圓柱體蛋糕分為8等份？

太簡單了，任何方向都能切吧！

Q2

我們見過最大的「影子」是甚麼？

影子是有東西遮擋了陽光才看得到呢。

仍然不分勝負呢。

1F

Q3

若愛因獅子和伏特犬跑樓梯的速度一樣，那麼誰會勝出？還是最終同時到達？

那麼我們賽跑分高下吧！我跑往3樓再回來、你跑往地下3樓再回來，誰先到達就勝出！

到底鹿死誰手？立刻揭往p.50看看吧！

大偵探福爾摩斯
SHERLOCK HOLMES
科學鬥智短篇51
藍色的甲蟲(2)

厲河=改編　鄭江輝=繪
奧斯汀．弗里曼=原著　陳沃龍、徐國聲=着色

福爾摩斯 精於觀察分析，曾習拳術，是倫敦最著名的私家偵探。

華生 曾是軍醫，樂於助人，是福爾摩斯查案的最佳拍檔。

上回提要：

古老莊園失竊，被偷去了一些文件、一封古信和一隻玻璃製的藍色小甲蟲。然而，竊賊在數日後把文件和古信送還，更附上一封以蠟印封口的信，蠟印上還按下了甲蟲底部的象形文字。信中說會保存甲蟲一段時間，但日後一定完璧奉還云云。莊園主布圭夫與女兒莉里找福爾摩斯調查，並道出甲蟲和古信皆是其曾祖父西拉斯的遺物。當年西拉斯曾被懷疑因財失義殺死親弟魯賓，而古信和象形文字暗示有一寶箱與魯賓的屍骨埋在一處神秘的地方。福爾摩斯從象形文字中看出端倪，認為甲蟲失竊與這段恩怨有關，並懷疑竊賊是魯賓遠親的後代哈勞特。無獨有偶，哈勞特正與莉里交際中，福爾摩斯在發掘魯賓屍骨和寶箱之前，必須先查清楚哈勞特的底細……

翌日一早，福爾摩斯已外出調查。華生也約了病人出診，直到**夕陽西斜**才回到貝格街221B。他在樓下抬頭一看，只見福爾摩斯已在窗邊**若有所思**地拿着煙斗。

「啊……看他那個神情，一定已掌握了不少情報！」華生心想。

為了快點了解調查進展，他**三步併作兩步**地走上了一樓，一打開門，就急不及待地問：「怎樣？已查明了莉里與哈勞特的關係嗎？」

「嘿嘿嘿，雖然費了一番工夫，但也給我查明了。」福爾摩斯狡黠地一笑，「**一如所料**，兩人是**情侶關係**，已發展了一年多，但莉里似乎對父親有所隱瞞，沒讓布圭夫先生知道自己與哈勞特的關係。」

「啊？她為甚麼要隱瞞呢？」

「家族恩怨。」福爾摩斯說，「布圭夫先生雖然說與堂親一家關係不錯，但因為**收購農場**一事，兩家人鬧得並不愉快。」

「收購農場？究竟是怎麼一回事？」

「我問了幾個人，他們是這樣說的……」

「嘻嘻嘻，謝謝你的打賞。對了，你想知道他們兩家人的關係嗎？我也是**道聽塗說**啦，是否事實不敢擔保啊。不過，想起來，一切都應該是為了那塊土地吧？對，是為了**土地**。年前，詹姆斯・布圭夫先生想收購阿瑟・布圭夫先生的農場，但那個阿瑟出名頑固，說農場是祖業，多多錢也不肯賣。兩人為此鬧得很不愉快。」一個**地產中介繪影繪聲**地說。

「關於收購農場的事嗎？我知道呀！不過，我不知道詹姆斯・布圭夫先生收購來幹甚麼，那塊地根本就不值錢嘛。他應該來收購我這塊地呀！我這塊地更肥沃，位置也更好啊！」附近一個**農場主**說。

「那塊地確實不太值錢，外人收購用途不大。不過，詹姆斯・布圭夫先生成功收購的話，卻可以與他自己的莊園一同發展，潛力就能發揮出來了。我認為是很不錯的投資，可惜他的堂弟不肯出讓。」一位熟悉地產買賣的**律師**說。

「原來如此。」華生聽完後點點頭說，「莉里一定知道父親與堂叔阿瑟的**過節**，難怪她不想父親知道與哈勞特交往了。」

「嘿嘿嘿，除了打聽到兩家人的不和之外，我還打聽到哈勞特不光彩的過去呢。」福爾摩斯繼續說。

「哈勞特・保加嗎？他是我的同學，本來不該在背後說他的壞話，但他實在太可惡了，我不得不說！你知道嗎？別看他長得英俊就是個**正人君子**，他唸中學時基本上是在打架中度過的，我也捱

過他的拳頭。他非常頑劣，是校中**數一數二**的惡棍！」一個哈勞特的**中學同學**咬牙切齒地說。

「那個俊男嗎？你問他的事幹嗎？甚麼？有公司想聘用他，所以想知道他的背景？你找對人了，我對他的評價只有一句話——千萬別僱用他！原因嗎？很簡單，他曾經在我的證券行工作，卻私下動用客戶的錢來炒股票，實在太過分了！」一個**證券公司的老闆**說。

「哼！我不想再聽到那個**負心人**的名字！我與他交往了半年，被他騙去了幾百鎊，要不是家父查出他曾被告上法庭，我還會繼續被騙下去呢！」哈勞特的**前女友**憤怒地說。

「此外，我還問了七八個認識哈勞特的人，他們對他雖然**毀譽參半**，但愈熟悉他的人就愈討厭他。我也到警局核實了，他確實曾經與幾宗詐騙案有關，但每次被控告時都能成功脫罪，毫無疑問，他是個**狡猾的騙徒**。」福爾摩斯總結道。

「這麼說來，藍色甲蟲盜竊案真的可能與他有關呢。」華生說。

「是的。」福爾摩斯說，「很多罪案都與經濟利益有關，盜竊案更大多是因為**財迷心竅**引起的，哈勞特是找到寶箱後的最大得益者，他又有詐騙前科，從個人品格和犯案動機來看，**十有八九**與他有關。」

個人品格 + 犯案動機
↓
哈勞特

「那麼，現在是時候通知布圭夫先生了吧？」

「不，個人品格和犯案動機都不是證據，我們不能就此作出指控。何況莉里與哈勞特正在熱戀中，莉里一定不願意相信男友是個偷甲蟲的小偷。」福爾摩斯別有意味地一笑，「嘿嘿嘿，所謂**兵不厭**

詐，必須用計誘使哈勞特主動把證據獻上，才可令莉里不得不接受殘酷的現實。」

「主動把證據獻上？怎可能呢？」

「你動動腦筋，自己想想吧。」

「又在緊要關頭**賣關子**嗎？太可惡了！」華生生氣了。

「喂！甚麼**緊要關頭**呀？」兩人身後突然響起一個聲音。

福爾摩斯被嚇了一跳，回身一看，原來不是別人，是我們熟悉的頑童**小兔子**。

「你怎麼門也不敲就闖進來！太沒禮貌了！」福爾摩斯罵道。

「哎呀，我每次敲門走進來，都被你罵個**狗血淋頭**啊。」小兔子說，「所以嘛，這次我就特意靜悄悄地閃進來啦。」

「你每次都**敲門**進來？那算是敲門嗎？那是**踢門**呀！」

「哎呀，別那麼小家子氣啦，人家腳癢嘛。況且，我已當你是我的**老爸**了，這兒不就是我的家嗎？」小兔子理所當然地辯駁，「難道回家也要敲門嗎？」

「你！」福爾摩斯氣結。

「算了、算了，別罵他了，想起來，小兔子也算是你的半個兒子，這兒確實是他的半個家。小兔子，叫福爾摩斯先生一聲親愛的老爸吧。」華生趁機戲謔一番。

「**親愛的老爸**！兒子來了，有好吃的就快拿出來吧！」在華生的助威下，小兔子不客氣地攤大手掌。

福爾摩斯聞言，被氣得**目瞪口呆**。

「你的老爸那麼吝嗇，怎會請你吃東西。我這裏有你喜歡的，拿去吃吧。」華生拿出一根不知從哪來的**紅蘿蔔**。

「哇！太感謝了！小爸！」小兔子高興地奪過紅蘿蔔，使勁地咬了一口。

「甚麼？小爸？」華生幾乎反了白眼。

「哇哈哈，原來華生是小爸，那麼我當老爸也不錯呢。」福爾摩斯乘機反諷。

「哎呀，你們不要爭風吃醋了。」小兔子又咬了一口紅蘿蔔，「剛才說甚麼緊要關頭，究竟是甚麼意思？」

「大人辦事，你懂甚麼，快滾吧！」福爾摩斯下逐客令。

「啊！我知道了！」小兔子自以為是地說，「一定是老爸和小爸欠租已到了緊要關頭，但又像公雞孵不出小雞那樣，拚了老命也交不出租金，對不對？」

聞言，福爾摩斯和華生馬上抓起雜物丟向小兔子，大罵：「滾！」

「哇！好恐怖呀！老爸和小爸一起欺負兒子呀！人間地獄呀！」小兔子叫叫嚷嚷，一溜煙似的奔下樓梯走了。

「都是你不好，在緊要關頭賣關子，害得我被那個小屁孩揶揄一番。」華生抱怨。

「算了，既然你不肯動腦筋，我就告訴你吧。要哈勞特主動把證據獻上，方法其實很簡單，只要叫他打一封信給我，再對照一下那封小偷打的信，如果『n』和『u』都有相同的瑕疵，就能指控他了。」

「原來如此……」華生想了想，「可是，怎樣才能叫他打一封信給你呢？」

「嘿嘿嘿，收到信後再告訴你吧。」

兩天後，福爾摩斯拿着一封信在華生面前揚了揚，得意地笑道：「看！信已到手了。」

「啊！好厲害！」華生佩服地說，「究竟

用甚麼方法弄到手的？」

「很簡單。」福爾摩斯說，「我借了一家地產中介的地址，假裝成**地產經紀**寫了一封信給他，說他的表叔阿瑟曾想把農場賣掉，現在農場已由他繼承，據悉他也想出售農場，問他會否考慮由我們來做代理。」

「啊？阿瑟不是拒絕出售農場嗎？哈勞特肯定也知道呀。」華生訝異，「為何在信中說這個**不攻自破**的謊話呢？」

「嘿嘿嘿，我不是說過**兵不厭詐**嗎？這是誘使他回覆的策略呀。」福爾摩斯狡黠地一笑，「如果我只是說對他的農場感興趣，他回覆的機率會低於**五成**。但故意瞎扯的話，他反而有必要澄清，獲得回覆的機率就超過**七成**了。」

「原來如此。」華生問，「那麼，你已檢視過信上的『n』和『u』吧？有發現嗎？」

「你自己看看吧。」福爾摩斯把信遞上。

「啊……！信上寫着會秉承表舅父阿瑟的遺願，暫時不會出售農場呢。」華生立即用放大鏡逐行檢視，「唔？『n』和『u』……都有**瑕疵**，而且瑕疵的位置……與甲蟲竊賊那封信的『n』和『u』一模一樣呢！」雖然對結果早有預料，但華生仍掩不住驚訝。

「可惜的是，就算有這封信，我們也不能叫警察拘捕哈勞特。」福爾摩斯有點惋惜地說，「信末只是打上了他的名字，並沒有**親筆簽名**，不能證明是他寫的。」

「啊！」華生看了看信末，果然沒有親筆簽名。

「所以，下一步必須掘出西拉斯的寶箱，只有這樣才能接近他，然後趁機搜查農場，找出他的犯罪證據——那部**打字機**和那隻<u>藍色的甲蟲</u>。」

說完，福爾摩斯馬上寫了一封信給布圭夫，信上這樣寫道：

布圭夫先生：

　　您好！目前已調查過哈勞特·保加先生，知道他是個犬好青年，早前懷疑他是甲蟲竊賊，實在魯莽，引起令千金不快，我深感抱歉。不過，我已解讀了蠟印上的象形文字（請參看另紙的譯文），相信有十足把握找出埋葬魯賓屍骨及寶箱的地點。方便的話，我與華生兩天後登門勘探，到時請務必約哈勞特·保加先生一同見證，也順便向他表達歉意。

夏洛克·福爾摩斯　敬上

收到布圭夫的回信後，福爾摩斯提着一個行李箱，與華生登上了前往**赫特福德郡**的火車。兩人在車上吃過簡單的午餐後，於2點半左右已來到了**肖斯特德莊園**。可是，與女兒莉里一起出迎的布圭夫一看到兩人，就不掩失望地說：「很高興你們親臨寒舍，但可惜的是──」

　　「可惜的是，

你們遲來一步了！」未待父親說完，莉里已開聲搶道。從她的語氣中，華生看得出她對福爾摩斯仍有敵意。

　　「遲來一步？甚麼意思？」福爾摩斯不明所以。

　　「跟我來吧！」說着，莉里逕自領頭帶路，沿着大宅圍牆旁邊的小路走去。走了不久，他們來到了一片廣闊的草地上。在草地的一角，有一間殘舊的**風車小屋**。

　　「**這邊！**」莉里指一指前面，然後急步地走到距離風車小屋不

遠的一處地方停了下來。

「**啊？**」華生看到，莉里腳下的草地似乎有被翻動過的痕跡。

三人走近後，莉里有點激動地指着地面說：「你們看，有人曾挖過這裏！」

福爾摩斯別有意味地向華生瞥了一眼後，蹲在地上摸了摸*被翻過的泥土*，說：「泥土不太濕也不太乾，看來是最近挖的。」

「**風車小屋**已荒廢了好多年，除了每個月來剪一次草外，我們和僕人都很少過來這裏。」布圭夫說，「今天是剪草日，僕人發現這兒被挖過，就馬上告訴我們了。」

「哼！一定是有人來把寶箱挖走了！」莉里氣憤地說。

福爾摩斯站起來一邊環視四周，一邊唸唸有詞地說：「**教會尖塔**之北……**三角牆之家**北面……幸好這些建築仍在……」

說罷，他從口袋中掏出一張手繪地圖看了看，然後狡點地一笑：「嘿嘿嘿，有人企圖挖走寶箱是對的。可惜的是，他挖錯了地方。」

「甚麼？挖錯了地方？」莉里訝異。

「沒錯，那笨賊挖錯了地方，這兒根本沒有寶箱。」

「**笨賊？**」布圭夫眉頭一皺，臉上閃過一下痙攣，「你怎知道的？」

不待福爾摩斯回答，莉里就出言譏諷：「哼！大偵探先生，賊人比你**早着先鞭**，你輸得不服氣，就說他挖錯地方吧？」

「啊？你不相信？」福爾摩斯沉着氣說，「不信的話，可以挖開地面看看啊。」

「哼！現在挖開又能證明甚麼？反正寶箱已不在了！」

「嘿嘿嘿，你沒看過**象形文字的譯文**嗎？寶箱是與魯賓的屍骨埋在一起的，就算賊人真的挖走了寶箱，總不會連屍骨也挖走

吧？」福爾摩斯冷笑道，「如果挖開沒找到屍骨，不就證明賊人挖錯地方了嗎？」

「啊……」莉里細心一想，頓時語塞。

「莉里，不要爭論了。」布圭夫連忙打圓場，「福爾摩斯先生說賊人挖錯地方，一定有他的理由，不如聽聽他的解釋吧。」

「哼！」莉里不服，把頭擰到一邊去。

「我的解釋嗎？很簡單啊。」福爾摩斯**不慌不忙**地說，「因為，笨賊破解了令曾祖父西拉斯雕在甲蟲底部的**象形文字**，得悉寶箱的埋藏地點，所以就挖錯了呀。」

「啊？為甚麼會這樣呢？」布圭夫並不明白，「倘若那笨賊知悉了埋藏地點，應該挖對才是呀，怎會反而挖錯了呢？」

「嘿嘿嘿，因為他是笨賊，腦袋是盛水的呀。」福爾摩斯笑道。

「**笨賊……腦袋是盛水的……？**」布圭夫的臉上又閃過一下痙攣。

「不是嗎？他雖然破解了象形文字說明的方位，但竟然不知道方位是會隨着時日的推移而變化的，自然挖錯地方啦。」

「一派胡言！」莉里猛地轉過頭來駁斥，「方位怎會隨時日的推移而變化！難道130年前的倫敦在我們東邊，現在會跑去了西邊嗎？」

「那當然不會。」福爾摩斯帶着譏笑地咂咂嘴，「不過，如果用指南針來找尋130年前所示的方位，就肯定會挖錯地方了。因為，指南針會受**地球的磁場**影響，而這個磁場是會因時日的推移而變化的。所以，指南針在130年前所指的**磁北**，與現在的磁北肯定是不一樣的。」

「啊……」布圭夫張大了嘴巴，恍然大悟地說，「**原來如此……我真蠢，怎會沒想到這一點呢。**」

「這麼說的話，只要算出**磁北**在相隔130年後的**偏差**，就能找出正確的埋藏地點了？」華生問。

「這倒很難說。」福爾摩斯搖搖頭。

「甚麼意思？」布圭夫緊張地問，「算出偏差仍沒法找到正確位置嗎？」

「這要看西拉斯所說的北，究竟是指**磁北**還是**正北**。」福爾摩斯說，「如果是指磁北的話，只要算出相隔130年後的偏差就能找到。反之，如果指的是正北，那麼就**要以正北的方向來定位**了。」

「甚麼磁北、正北，都不知道你在說甚麼。」莉里不耐煩地嘀咕。

「磁北是指**指南針**利用磁場的影響而測量出的北面。正北是指真正的北面，即**北極點的方向**，古人可通過觀察北極星而知道其方位。」福爾摩斯不厭其煩地向莉里說，「令尊說過西拉斯曾任船長，而觀察方位是船長的日常工作，他一定知道磁北會隨時日的推移而變化。所以，我估計他是以正北來定方位，因為**正北是永遠不變**的！」

「這！」莉里又一次語塞。

「那麼，我們馬上以正北來定方位找找看吧！」布圭夫急切地說。

「好呀！」說着，福爾摩斯提起行李箱，逕自往不遠處的草地走去。華生和布圭夫連忙跟上。莉里雖然萬般不願意，但也不得已地跟着走去。

福爾摩斯在草地上停了下來，他舉頭看了看四周，說：「大概在這附近吧。」

說完，他蹲下來打開行李箱，取出一個折疊式**三腳架**和一個軍用的**指南針**。他用指南針觀察了方位，再把三腳架拉開豎在草地上。

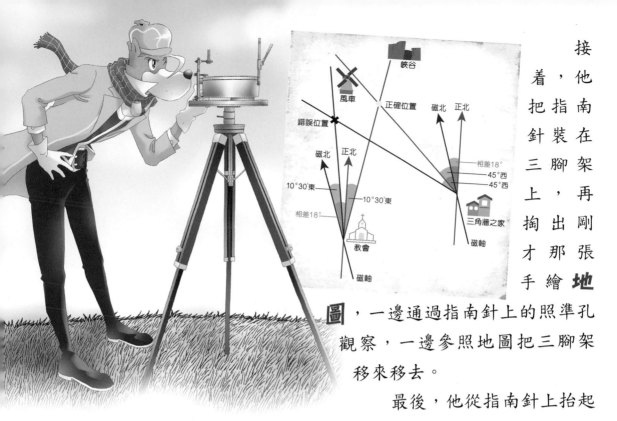

接着，他把指針裝在三腳架上，再掏出剛才那張手繪**地圖**，一邊通過指南針上的照準孔觀察，一邊參照地圖把三腳架移來移去。

最後，他從指南針上抬起頭來說：「幸好這兒沒人挖過，寶箱應該還在。」

「**啊？就在這兒嗎？**」布圭夫問。

「沒錯。」說着，福爾摩斯從行李箱中取出一枝長約1呎、又幼又尖的鐵棍，用力往地上一插，「就在這裏！不過，指南針可能略有偏差，挖的地方要大一點，可以找幾個人來幫忙挖掘嗎？」

「**可以！當然可以！**」布圭夫興奮地點點頭，然後向女兒說，「馬上去叫三個人來，記住要帶鋤頭和鐵鏟！快去！」

「這……」莉里仍有猶豫。

「快去吧！」布圭夫催促，並提醒說，「順便帶幾張椅子來，看來得花兩三個小時才能搞定。」

「知道了。」莉里**半信半疑**地往大宅走去。

待她走遠了，福爾摩斯趁機問：「對了，那位哈勞特·保加先生呢？他不來嗎？」

「呀！差點忘記了他。」布圭夫說，「他說下午有點事，會遲一點到。我們不必等他，先行挖掘吧。」

「原來如此。」福爾摩斯**若有所思**地想了想。

十多分鐘後，莉里已帶着三個壯健的男僕匆匆地走回來了。

33

三個小時很快就過去，當挖到大約6呎深時，一個僕人驚呼：

「**有白骨！**」

坐在椅上打瞌睡的福爾摩斯馬上跳起來，布圭夫和華生也慌忙走到坑邊去看，只見一隻腳掌的**白骨**從泥土中伸了出來。

「啊……」

三人不禁倒抽一口涼氣，在他們身後的莉里更被嚇得「**哇**」的一聲叫了出來。

「小心一點挖，這是先人的**屍骨**。」布圭夫提醒。

「知道。」僕人們馬上換上小鐵鏟，一點點地挖起來。他們只花了半個小時左右，就把整副骸骨挖了出來。更驚人的是，枕在頭骨下面的，就是那個傳說中的**寶箱**！

「把箱子搬上來！」布圭夫的聲調中充滿了興奮。

「好的。」僕人們**小心翼翼**地移開頭骨，合力把那個佈滿鏽漬的鐵箱搬到坑口上。當他們正要把箱子放到地上時，箱底突然脫落，「**嘩啦**」一聲響起，金光閃閃的珠寶紛紛散落地上。

「啊……」眾人都看得呆了。

「**嘿嘿嘿，看來我來得正合時呢。**」忽然，他們背後響起了一個清脆的男聲。

眾人回頭一看，只見一個臉上掛着冷笑的年輕紳士已站在眼前。

「哈勞特，你來了！」莉里欣喜地叫道。

下回預告：哈勞特終於現身，福爾摩斯如何出奇制勝把他拘捕歸案？下集大結局的案情發展出人意表，絕對不容錯過！

2021書展 兒童的科學攤位回歸！

書展在去年因疫情停辦一年後，今年再度舉辦，《兒童的科學》攤位也回來跟各位讀者見面了！

◀不少讀者前來選購心頭好。

◀在攤位播放的動畫短片「大偵探福爾摩斯麵包的秘密」吸引不少人駐足觀看！

▶陸朗生（左）及他的表弟張浩恩都是兒科讀者，十分喜歡科學玩具，面對眾多心儀教材，兩人都拿不定主意呢！

香港科學館專題展覽 彼思動畫的科學秘密

你知道電腦動畫是如何製作的嗎？這個展覽除了展出各個動畫製作的流程，參觀者甚至有機會親身體驗創建數碼雕塑模型、控制攝影機等幕後製作程序！

展期：即日至2021年12月1日
地點：香港科學館地下展覽廳

如欲參觀，請透過香港科學館的網上預約系統來預約入場時間。詳情請參閱香港科學館網頁。

https://hk.science.museum/zh_TW/web/scm/se/tsbp.html

香港太空館 全天域電影 古洞透天機

在地球各個地勢險要的洞穴裏，竟隱藏了地球過去氣候的種種痕跡！古氣候學家吉娜·莫絲麗博士及其團隊將會帶領觀眾一同深入這些洞穴，收集石筍樣本，探究地球的古代氣候。

映期：即日至2022年3月31日
地點：香港太空館天象廳

詳情請參閱香港太空館網頁。
https://www.lcsd.gov.hk/CE/Museum/Space/zh_TW/web/spm/spacetheatre/omnimaxshow.html

地球揭秘

氣象　地理

剖析 沙漠面貌

沙漠之最 撒哈拉

撒哈拉沙漠是地球上最熱和最大的沙漠，位於非洲北部，跨越十多個國家。

遠古時是森林？

撒哈拉曾出土鱷魚等水邊動物化石，證明1萬年前氣候溫和，曾有森林湖泊，更有人類聚居並發展畜牧業。直到約3500年前才變得炎熱乾燥。

Photo by Yeo Khee

為甚麼撒哈拉現在變了沙漠？

這可能是由於古時地球發生過氣候轉變！

北緯20至30度之間的沙漠氣候

科學家推斷，地球自轉軸曾輕微移動，令撒哈拉所在的北緯20至30度部分地區形成副熱帶高壓脊並帶來炎熱乾燥的氣候。

▶位處該範圍的沙地阿拉伯和伊朗等內陸都有此氣候及沙漠地帶。

摩洛哥　歐洲　埃及　伊朗　北緯30度線

沙地阿拉伯　印度

撒哈拉沙漠　蘇丹　北緯20度線

香港也有副熱帶高壓脊？

太平洋北緯20至30度位置也存在副熱帶高壓脊，簡稱副高。它在夏季伸延至香港及廣東沿岸，其特點如下：

空氣從高空流向低空，過程中使雲消散，水氣亦難以上升而凝結成雨雲。另一方面，對流在這區域並不活躍，乾燥的空氣滯留其中，於是造成乾燥炎熱的天氣。

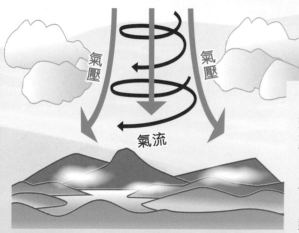

氣壓　氣壓

氣流

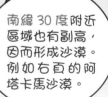

南緯30度附近區域也有副高，因而形成沙漠。例如右頁的阿塔卡馬沙漠。

一個沙漠，多種面貌：阿塔卡馬

 **有溫泉**

阿塔卡馬沙漠位於南美洲的智利北部，接近火山群，故有地熱間歇泉地帶。

那裏更發展成溫泉區，不少遊客在只有 10°C 的冬天時前往享受露天溫泉。

Photo by Jorge Fernández Salas

冬天的埃爾塔蒂奧 間歇泉地帶（El Tatio geysers）

Photo by Bailey Hall

 **又像月球、又像火星**

阿塔卡馬有不少嶙峋石林，當中有山谷因地形接近月球，故名「月亮谷」。

另外，NASA 發現沙漠部分地區的地質和荒蕪程度有如火星，故此在當地測試火星探測車！

 **海上吹來濃霧**

受「副高」影響，智利北部全年炎熱乾燥。另一方面，南太平洋的寒流連帶寒冷而濕潤的空氣往北移動，進入智利北部對出的海域。

當海面的冷空氣接觸到沙漠的熱空氣，冷暖空氣交替，使接近地面的水氣冷卻，凝結成濃濕霧（Garúa）。

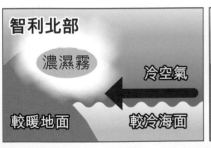

智利北部

濃濕霧　冷空氣

較暖地面　較冷海面

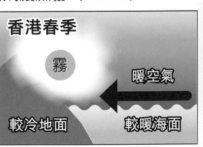

香港春季

霧　暖空氣

較冷地面　較暖海面

南美洲

阿塔卡馬沙漠

南太平洋

寒冷水流及冷空氣

智利

南極

▲濃濕霧與一般的霧形成的原理很相似，只是智利以冷海風吹向熱陸地形成濃濕霧，而一些沿海地區如香港則是因暖海風吹向冷陸地而產生霧。

> 濃濕霧和普通霧一樣，由空氣中的微小水滴所組成，卻不足以潤澤沙漠，因為降雨才能提升濕度，而霧不能形成降雨。

> 「副高」使雨雲無法形成，所以阿塔卡馬沙漠全年乾燥。

STOP 人為沙漠化

近百年來，人類社會高速發展，大規模伐林和過度耕種令土地貧瘠，造成沙漠化。

各國亡羊補牢，用不同方法環保地促進經濟，例如植樹造林以發展生態旅遊、鼓勵回收再造業、引入環保農耕法和肥料等。

開心禮物屋

新學期新禮品！

參加辦法
在問卷寫上給編輯部的話、提出科學疑難、填妥選擇的禮物代表字母並寄回，便有機會得獎。

又到了認識新朋友的日子，就用這些禮物一起玩吧！

A Twister扭扭樂 1名

經典多人遊戲，最適合增進友誼！

B LEGO 43177迪士尼 公主魔法書 美女與野獸 1名

重現城堡中的最美一幕！

C 大偵探福爾摩斯 健康探秘 2名

香港出版雙年獎得獎作品之一！

D 肥嘟嘟華生公仔 1名

讓可愛的華生陪着你！

E 科學DIY 1+2集 1名

收錄多個手工紙樣，好玩又益智！

F 大偵探動畫機 1名

學用連環圖製作動畫！

G 五款工程車仔套裝 1名

既可單獨遊玩，亦可製作場景！

H 星光樂園遊戲卡福袋 1名

美麗的珍藏遊戲卡！

I ROBOT魂V2高達 1名

將重新在遊戲中登場的經典高達！

★ 第195期得獎名單 ★

A	恐龍玩具槍	毛柏希
B	猜猜誰輕便版	余頌晴
C	立體木製拼圖漁船	吳葆怡
D	小說 少女神探 愛麗絲與企鵝 第1-3集	馮穎瑤
E	大偵探350毫升水樽	黃希睿
F	肥嘟嘟華生毛公仔	劉雨晴 李仲謙
G	TOMICA SC-06 星球大戰Kylo Ren V8-K	Chan Him 梅璟暘
H	誰改變了世界？ 第1-3集	陳柏澄
I	Crayola可水洗顏色筆12色	文亦熙

規則

截止日期：9月30日
公佈日期：11月1日（第199期）

★ 問卷影印本無效。
★ 得獎者將另獲通知領獎事宜。
★ 實際禮物款式可能與本頁所示有別。
★ 本刊有權要求得獎者親臨編輯部拍攝領獎照片作刊登用途，如拒絕拍攝則作棄權論。
★ 匯識教育公司員工及其家屬均不能參加，以示公允。
★ 如有任何爭議，本刊保留最終決定權。

《兒童的科學》創作組＝編
Yuthon＝插畫

誰 改變了 世界？

免疫學之父
愛德華・詹納

咯咯咯。

　　一名西裝筆挺的男人站在一間村屋前，輕輕敲門。不一刻木門打開，一個農婦從後露面，**欣**喜地道：「噢，詹納醫生，你終於來了。」

　　「午安，洛克太太。」詹納打了招呼，跟對方走進屋內，問，「洛克先生怎麼樣了？」

　　「唉，之前他說**頭痛**得很厲害，還有些**發燒**，躺在床上好幾天。雖然昨天已退燒，但臉上卻長了些**紅點**。」洛克太太一面訴說情況，一面忍不住抱怨，「哎呀，為了照顧他，我連到農場**擠奶**的工作也得擱下呢。」

　　二人來到房門前，濃濁的呻吟聲**斷斷續續**地從門後傳來。洛克太太打開門，只見一個年約三十的男人躺在床上。果然，他的臉上長滿了細小的紅點。

　　詹納走到床邊，問：「洛克先生，你哪裏不舒服啊？」

　　「口裏很痛，連東西也吃不下去了。」洛克先生以**軟弱無力**的手指着嘴巴，**口齒不清**地道。

　　「請張開口給我看看。」

　　當對方張大了嘴，詹納就發現其口腔、舌頭等部位也長出了許多小紅點，而且開始有**化膿**的跡象。

　　「詹納醫生，他怎麼了？」洛克太太擔憂地問。

「唔……」詹納皺着眉頭心忖，「發燒、疲倦、頭痛等都是感冒的徵狀，但若口腔和身體出現小紅點，那恐怕是另一種更麻煩的疾病。」

於是他**直截了當**地道出結論：「他可能患上了**天花**。」

「甚麼？」洛克先生聞言，不可置信地說，「那個可怕的病？」

「怎會這樣的？」洛克太太也不禁**掩面痛哭**。

當時大家都知道，患了天花 (smallpox) 就等同半隻腳伸進了鬼門關，令人**聞風喪膽**。

「洛克先生，你需要留在這個房間，直至出疹完結。」詹納準備離開，「我會開一些舒緩藥物，讓你不那麼**辛苦**，另外也會定時過來看你。」

「麻煩你了，醫生。」洛克太太道。

「對了，洛克太太，如果你也出現**病徵**，緊記要通知我。」他叮囑道。

「知道了。」

愛德華·詹納 (Edward Jenner) 在回程的路途上**滿腹疑惑**，因為天花的傳染度極高，洛克先生患上此病，但洛克太太卻似乎未受感染，箇中有甚麼**玄機**呢？他心想，若知道原因，或許就能找到根治這種病的方法，一定要好好研究下去。

事後證明，他的努力並沒白費，其大膽嘗試促使了**天花疫苗**的誕生，為撲滅這個肆虐人類世界千年的病毒奠下基礎。

鄉村醫生

1749年，愛德華·詹納 (下稱「詹納」) 在英國西南部的貝克利 (Berkeley) 出生，在家裏九個孩子中排行第八。5歲時父母去逝，由繼承教區牧師工作的長兄史提芬及姊姊**養育成人**。

詹納小時候與一般**鄉村男孩**無異，喜歡四處尋找小動物，或者挖掘奇特的化石。7歲時，他被送往一所私立學校，學習拉丁文等基礎知識，7年後就在鎮內一名醫師門下當**學徒**。此後7年他每天都跟着師傅，協助醫治病人和派送藥物。

1770年，21歲的詹納終於滿師。不過他沒立即執業，而是到**倫敦**跟隨當時著名的外科醫生亨特*學習**解剖學**與**外科醫學**。那時亨特在聖喬治醫院工作，他讓學生接觸各種病人，還有透過解剖人類與其他動物的屍體，以了解其構造及進行**比對**。有一次，他們來到做手術用的大房間，看到檯上躺着一具屍體。

　　「這次又是解剖人體嗎？」一個學生問。

　　「不知何時才讓我們替**活生生**的病人做手術呢？」另一個學生則期待地說。

　　「我倒覺得那很**辛苦**呢。」詹納回憶道，「以前我協助故鄉的師傅做手術，那些病人不但**大吵大鬧**，還會拼命掙扎，我要出盡**九牛二虎之力**才能按住他們啊*。」

　　「我也聽說過，他們接受手術時不但會痛得打滾，甚至可能逃跑啊！」一名學生**煞有介事**地說。

　　「逃跑？」

　　「逃到哪？」

　　「但不做手術會**死**的啊。」

　　「就算做手術也未必能**活**吧。」

　　眾人**七嘴八舌**地討論着。這時，一個聲音打斷了他們。

　　「所以做手術要快、狠、準！」

　　學生回過頭來，就看到亨特醫生提着一個手提包走進房間。

　　「做得慢，不但令病人**痛苦**，若血流得過多也會更易死去。」亨特嚴肅地說，「此外，要準確切除有病的部位，首先須清楚**人體構造**，所以才用不會掙扎和感到痛苦的屍體來讓大家認識器官，一會兒大家要仔細看清楚我如何做。」

　　「是！」學生們齊聲回應。

　　經過3年，詹納不但學到豐富的醫學知識與經驗，更獲亨特賞識，被邀留在倫敦的醫院工作。不過他婉拒了老師的好意，決定返回家鄉伯克利行醫，**風雨不改**地救治病人。

　　另外，他在努力工作之餘，暇閒時也會觀察各種動物，深入研究其特性。他曾經四處尋找鳥巢，以探究**布穀鳥***奇特的生活習性。

*約翰·亨特 (John Hunter，1728-1793年)，蘇格蘭外科醫生。
*18世紀仍未有麻醉技術，病人須在清醒狀態下看着醫生動刀，並忍受無比的痛楚。
*布穀鳥 (Cuculus canorus) 又稱「大杜鵑」，是杜鵑科杜鵑屬鳥類，在亞洲、歐洲和非洲都見其蹤影。

天啊！竟然會這樣！

布穀鳥在繁殖下一代時，會先找尋剛生了蛋的雀鳥，趁對方外出就悄悄在其巢中下蛋。那些雀鳥回巢後**不虞有詐**，便替其孵蛋。由於布穀鳥的幼雛較早出生，並會本能地將其他蛋擠出巢外殺死，獨佔生存機會。可憐那些蛋的親生父母卻**懵然不知**，把布穀鳥幼雛當成唯一倖存的子女繼續哺育下去。

1788年，詹納發表有關研究，並因此於次年成為**英國皇家學會**的成員。同時，他認識其他生物的習性也令自己對動物疾病了解得更深，為對付天花開闢一條新道路。

究竟天花有多可怕，令人**聞之色變**？在繼續故事前，先說說這恐怖疾病的底細吧！

預防天花之法——疫苗接種

天花由**天花病毒**引發，主要經空氣及接觸患者分泌物傳播。患者在感染七至十天後出現頭痛、肌肉痠痛、發燒、噁心甚至抽搐等與感冒相似的病徵。兩三天後症狀消退，然而可怕的時刻才剛剛開始。病毒會攻擊皮膚細胞，令患者的口腔出現**紅色皮疹**，再蔓延至臉部及全身。接着皮疹變大，形成**膿疱**。這些膿疱對皮膚造成擠壓或潰瘍，流出液體，不但令患者深感痛楚，傷口更使其**食不下嚥**。大約兩週後病毒逐漸消退，膿疱開始**結痂**，造成一個個凹陷的坑疤。

患病期間，病人會因各種嚴重**併發症**如發燒、內臟出血等而死亡。就算痊癒了，其身體和臉部都會留下醜陋的疤痕。若膿疱生長至眼睛附近，更可能導致**失明**。

科學家追蹤源頭，估計天花首先出現於中亞與非洲地區。他們從古埃及法老拉美西斯五世的木乃伊遺體找到許多膿疱痕跡，由此推斷這位生活於公元前一千多年的法老生前患有天花，是目前人類出現此病的最早實質證據。

之後病毒隨商旅貿易傳向**四方八面**，古印度、中國和日本都有文獻記載*，天花瘟疫引發大規模死亡的情況。至於歐洲在中世紀受天

*古代中國稱天花為「痘瘡」，估計於公元1至3世紀從印度傳至中國西南部，並不斷擴散開去，至公元8世紀時更在日本引發大型瘟疫。

花與鼠疫桿菌引發的黑死病蹂躪，人口一度銳減。到16世紀天花已成了歐洲的**流行病**，每年約有數十萬人死於此症。隨着**航海家**發現美洲等新大陸，更使病毒傳至這些地區。

雖然天花猛烈，但古人亦非毫無對策。他們發現患者痊癒了就再也不會染疫，於是嘗試將其膿疱內的漿液或其組織注入健康人士的體內，以產生**局部感染**而獲得免疫力。這方法稱為「人痘接種」，據說詹納在8歲時就接種了人痘。

→公元10世紀的中國人把天花病人結下的乾痘痂研磨成粉以作疫苗，吹入接種者的鼻子裏。若是男孩就吹入右鼻孔，而女孩則吹到左鼻孔中。

只是，人痘接種仍有風險。接種者可能因此患上天花，出現嚴重徵狀，更有機會向外散播疫病。故此方法雖流傳多年，但始終未能遏止天花的侵害。

如開首所述，詹納面對這棘手的疾病時也顯得**束手無策**。不過他並沒**氣餒**，反而注意到有些人不會染病，又想起以前從其他工人聽過的傳聞：「只要感染了**牛痘**，就不用怕會患上天花。」牛痘是一種在牛身上出現的傳染病，許多女工都在擠奶時受到感染。牛痘引發的病徵與天花的有點相似，也會令患者的皮膚長出膿疱，但其程度卻**輕微**得多。

詹納由此漸漸產生一種想法。若將牛痘接種在人們身上，那些人之後會否不再染上天花呢？他**苦思冥想**，卻得不到確切的答案。那時他想起與老師亨特通信時，對方曾勸告自己：「為何只思考，而不試一下？」於是，他決定進行一項**大膽的嘗試**。

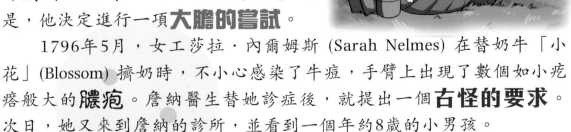

1796年5月，女工莎拉‧內爾姆斯 (Sarah Nelmes) 在替奶牛「小花」(Blossom) 擠奶時，不小心感染了牛痘，手臂上出現了數個如小疙瘩般大的**膿疱**。詹納醫生替她診症後，就提出一個**古怪的要求**。次日，她又來到詹納的診所，並看到一個年約8歲的小男孩。

「內爾姆斯小姐，我來介紹一下。他叫**詹姆斯***，是我家園丁的兒子。」詹納搭着男孩的肩頭道，「詹姆斯，向對方問好吧。」

*詹姆斯‧菲普斯 (James Phipps，1788-1853年)。

「午安，內爾姆斯小姐。」詹姆斯小聲地說，臉容有些**繃緊**。

「那麼我們開始吧！」詹納解開莎拉手臂上的繃帶，露出了泛紅的膿疱，「忍一忍，會有少許痛。」

說着，他用小刀輕輕**割開**其中一個膿疱，讓刀鋒沾上一些膿汁，然後把刀伸向男孩。

「詹姆斯，過來吧。」

男孩順從地走到詹納身旁，挽起衣袖，露出白皙的幼小手臂。詹納便把小刀在其臂上劃出一道約1厘米的傷口，將膿汁擠入體內。他向對方**安慰**道：「別怕，很快就完成了。」

當接種完畢，莎拉便離開診所，而詹納的工作才正式開始。

他將小男孩送回家中，一直觀察着情況。數天後，詹姆斯感到頭痛、腋窩疼痛和食慾不振，幸好這些症狀過兩天就**消退**了，其手臂的接種處也結了痂。7月1日，詹納從一個天花病人取得膿液，再將之注進詹姆斯體內。結果，男孩**沒有發病**。

詹納選擇小孩作為實驗對象，估計其中一個原因是，抵抗力較低的**兒童**在當時為天花的主要受害者。為取得更多數據，他繼續替其他人（包括自己的**兒子**）接種牛痘，其後再將天花膿液注入他們的身體。他發現絕大部分人都沒出現天花病徵，由此證明接種牛痘的確能**預防天花**。

1798年，詹納將各個案寫成《關於牛痘接種原因及結果之研究》*，並將報告送至皇家學會**發表**。可惜當時大多數醫生與學者都**不相信**其說法，認為動物的疾病沒可能醫治人類，有些人更抨擊他以人類做實驗是**不道德**之舉。不過詹納並沒放棄研究，並於1799年及1800年再發表兩份後續研究報告，此後才漸漸獲得人們支持。

羣策羣力

由於**成功個案**不斷增加，詹納的研究引起政府關注。1801年，英國皇家海軍決定全面接種牛痘。次年英國議會將1萬英鎊獎予詹納以表謝意，5年後又追加2萬英鎊。另外，其他國家亦紛紛**仿傚**，提倡接種疫苗，更設立專門船隊將剛種了牛痘的人送至美洲，以取其痘漿為當地人接種。

事實上，早於詹納試驗約20年前，一個叫潔斯特*的農民已用**縫衣針**將牛痘膿液劃進妻兒的皮膚去預防天花。但由於他沒替妻兒注入天花病毒，實驗不算**完整**。所以，詹納才被視為首個將牛痘接種應用於**醫學**的人。

這套預防天花的方法成為醫學史上的里程碑。英文「**vaccination**」本指「牛痘接種」，源於拉丁文「vacca」（即是「**牛**」）。後來法國化學家**巴斯德***為紀念這大發現，就擴展該詞的意義，此後vaccination便用於表示一切「**疫苗接種**」。

經過百年努力，20世紀初因感染天花而死的人數已大幅下降。隨着**醫療**、**冷藏**、**交通運輸**等技術不斷進步，加上人們成功研製出耐熱的乾燥疫苗，各國政府在1959年的世界衛生大會決議要**根除天花**。人們將疫苗送至全球出現此病的地方，務求替有需要的民眾施打疫苗。

1977年，索馬里的一位廚師感染天花後痊癒，成為最後一個案例。1980年，世界衛生組織宣佈天花終於**絕跡**，成為歷史上唯一在人類干預下被徹底消滅的疾病。

*《關於牛痘接種原因及結果之研究》(An Inquiry into Causes and Effects of the Variolae Vaccinae, a Disease, Discovered in some of the Western Counties of England, particularly Gloucestershire, and Known by the Name of The Cow Pox)。
*班傑明‧潔斯特 (Benjamin Jesty，1736-1816年)，居住於英國西南部多塞特郡的農民。
*欲知巴斯德的生平故事，請參閱《誰改變了世界》第1集。

新學期開始・全新訂閱禮物登場！
大偵探口罩套裝

一次性
三層口罩
中童尺寸
14.5 x 9.5 cm

香港製造
獨立包裝
安全衛生

透氣度高

ASTM Level 3

PFE (微粒過濾率)
BFE (細菌過濾率) $\geq$ 99%
VFE (病毒過濾率)

10片口罩
+
1個收納套

收納套輕便易攜，外出必備良物！

只要訂閱《兒童的科學》實踐教材版1年12期，便可得到「大偵探口罩套裝」了！訂閱詳情請看p.72！

人體

蠍毒 竟是治療人腦新良方!

▲以色列金蠍體長約 6 cm,其毒液足以使人喪命,可說是最毒的蠍子。

近年,西班牙科學家發現毒蠍王者以色列金蠍毒液中的氯毒素經化學修改後,能變成藥物載體,穿過人體的血腦障壁,把藥物送進大腦,治療腦癌及神經疾病。

> 血腦障壁是甚麼?不用蠍毒,藥物就不能到達腦部嗎?

大腦的防護罩:血腦障壁

> 血腦障壁不是單一物質,它是一套防衛系統,由圖中幾種細胞組成。

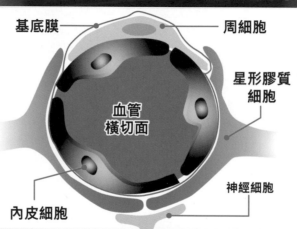

基底膜　　周細胞

星形膠質細胞

血管橫切面

內皮細胞　　神經細胞

> 這些細胞只讓大腦所需物質通過,例如氧氣、血糖和白血球等。

細菌和藥物不得內進!

藥物一般能經血管到達患處,唯腦部例外。這是因為血管和腦之間有血腦障壁,防止細菌等外來物質入侵大腦,但同時也阻擋了 95% 針對腫瘤和神經的藥物進入其中。

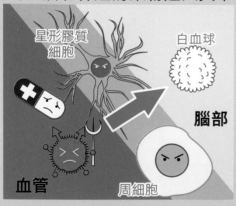

星形膠質細胞

白血球

腦部

血管　　周細胞

氯毒素有如通行證

科學家抽取以色列金蠍毒液當中的氯毒素並修改後,發現它能帶着藥物成分穿過血腦障壁的細胞防線,到達大腦。

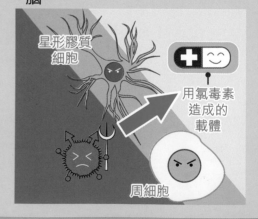

星形膠質細胞

用氯毒素造成的載體

周細胞

大偵探福爾摩斯
消失的黑便士(下)

上回提要:

一名怪盜在倫敦郵展暨拍賣會舉行前夕,偷走集郵家**亞歷克(ALICK)**打算展出的郵票珍品:12枚方連的VR黑便士。其後,怪盜卻送還4枚單個VR黑便士,並聲稱已剪碎及丟棄了當中4枚,而餘下的**四方連**(由4枚郵票連在一起形成的四方形組合)則藏在某處。幸好福爾摩斯破解怪盜設下的難題,為亞歷克取回這個四方連。表面上,VR黑便士盜竊案已完結,但福爾摩斯卻認為**事有蹊蹺**。就在這時,李大猩卻突然到訪……

▲ 怪盜寄回的4枚單個黑便士**防偽編號**CA、CB、CC、CD

李大猩說:「你知道嗎?有人正在**申請拍賣**第二個VR黑便士的四方連,我懷疑與你上星期破的那案子有關啊!」

福爾摩斯眼底寒光一閃,說:「果然不出所料,12方連竊賊終於**露出狐狸的尾巴**了!」

「哎呀,李大猩你跑得好快啊。」這時,狐格森也**氣喘吁吁**地趕到來。

▲四方連**防偽編號**
AC、AD、BC、BD

於是,福爾摩斯向兩人詳述VR黑便士盜竊案的經過。

「原來如此……」李大猩聽完後想了想,問,「那麼,你們是怎樣尋回那個四方連的?」

「我們找到東郊第24號郵筒,發現郵筒旁有一個**密碼盒**,盒底還貼着一封脹鼓鼓的**信**。」華生回憶道,「信內有解碼信及一張折着的仿製VR黑便士版票。我們解碼後打開盒子,就取回那個四方連了。」

「對,經物主亞歷克先生確認,那個四方連是他失去的真品。」福爾摩斯說着,掏出當日的**解碼信**及那張**仿製的VR黑便士版票**。

亞歷克先生:

您是德高望重的集郵家,為表敬意,恕我冒昧地以您的姓氏 ALICK ×**2** 設定為此盒子的**密碼**,只要您懂得用密碼把盒子打開,就能取回一個四方連了。

密碼是甚麼?只要您**盯着** ALICK,再對照附上的仿製版票上的防偽編號,您一定能找出 5 枚與 ALICK 有關的郵票!

接着,再逐行從上而下、從左至右地數,數出 5 枚郵票在版票上的**排序號碼並串起來**,就會找到密碼了。

注意:切勿強行拆開盒子,否則只會損毀珍貴的四方連啊!

黑便士怪盜 字

ALICK + ALICK

橫 12 枚

直 20 枚

▲ VR 黑便士仿製版票

讀完信後，李大猩與狐格森看着仿製版票説：「橫 12 × 直 20，全版共有 240 張郵票呢！究竟是哪 5 枚郵票與 ALICK 有關呢？」

「關鍵是要『盯着ＡＬＩＣＫ』，必須弄懂這個提示才能找到那 5 枚郵票啊。」福爾摩斯別有意味地説。

「『盯着ＡＬＩＣＫ』？」李大猩搔搔頭抱怨，「太難明了！」

「對，盯着它也不會知道哪 5 枚郵票呀。」狐格森也摸不着頭腦。

「讓我來解釋一下吧。」華生指着版票上其中一枚郵票説，「VR 黑便士的左下及右下角分別標示着一個英文字母的防偽編號，而『ＡＬＩＣＫ』由英文字母組成，就是説，這 5 個字母必定與郵票上的防偽編號有關。」

「有點道理呢。」狐格森想了想，問，「但信中説『ＡＬＩＣＫ × 2』，難道是指兩個『ＡＬＩＣＫ』？」

「嘿嘿嘿，你抓着重點了。」福爾摩斯笑道，「沒錯，而兩個『ＡＬＩＣＫ』的意思，就是由 5 個字母增加至 10 個字母。」

「啊！我明白了！」狐格森叫道，「1 枚郵票有 2 個防偽字母，5 枚就有 10 個，只要把『ＡＬＩＣＫ』+『ＡＬＩＣＫ』10 個字母代入到郵票的 2 個防偽字母上，就能找出那 5 枚郵票了！」

「但是，這 10 個字母可組成很多不同的組合呀。」李大猩不表認同，「例如，可以是 A+L、L+I、I+C、C+K，也可以是 A+I、A+C、A+K，或 L+C、L+K、I+K，甚至倒過來的 K+C、K+I、K+L、K+A 等等呀。」

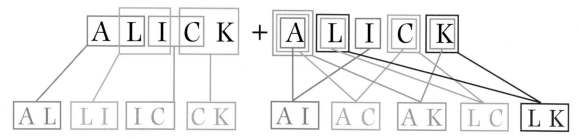

「嘿嘿嘿，初時我的想法也和你一樣。不過，當我『盯着ＡＬＩＣＫ』看了一會，就看到答案了。」福爾摩斯狡黠地一笑。

「真的？」李大猩馬上抓起怪盜的信盯着看，但盯了一會仍沒有任何發現。

「讓我來吧！」狐格森奪過信件，把眼睛瞪得大大的盯着信上的ＡＬＩＣＫ。可是，他瞪得眼珠快掉下來也看不到答案所在。

「算了，你們的眼力太差了。」福爾摩斯沒好氣地説，「華生，你告訴他們答案吧。」

「好的。」華生點點頭,向孖寶幹探説,「信上說密碼是以『ALICK × 2』來設定,其實是指信中**兩個上下故意排在一起**的『ALICK』。所以,只要盯着它們細看,就會知道答案是:**A+A、L+L、I+I、C+C 和 K+K** 了。最後,只要找出由這5組字母組成的防偽字母郵票,就大功告成了!」

只要您**盯着** ALICK ,再對照
找出 5 枚與 ALICK 有關的郵
從上而下、從左至右地數,數
就會找到密碼了。

六要您懂得用密碼把

「原來是上下兩排『ALICK』形成的**5個組合**!」狐格森和李大猩終於恍然大悟,連忙按華生的答案從版票中圈出那5組郵票。

「好了,解答了如何找出那**5枚郵票**,現在從它們的排序來找出數字密碼吧!」福爾摩斯一頓,向華生説,「你來解釋一下防偽字母與排序的關係吧。」

「又是我嗎?好吧,那我就**當仁不讓**啦!」華生説着「吭吭吭」的乾咳幾聲,然後煞有介事地指着版票説,「這張版票橫 12 × 直 20,全數共 240 枚,**橫 A〜L、直 A〜T**,從字母排列已可知防偽字母其實已顯示了順序。所以,就算剪下其中 1 枚,郵局職員也能一眼看出它在**版票上的位置**。」

李大猩不禁讚歎:「原來防偽字母還有這個作用,想出這個方法的人好聰明呢!」

「對,這種排列方法與『座標』有着異曲同工之妙。」

可參考第 56 頁數學座標系統的簡介。

「『座標』?」狐格森猛然醒悟,「我明白了!只要按郵票上防偽字母的順序轉換成數字,即是**橫 1〜12、直 1〜20**,然後按怪盜的提示從上而下、從左至右地數下去,就可以數出郵票 **AA、LL、II、CC、KK** 的排序號碼,即是密碼了!如 AA=1、CC=43 等如此類推。」

「全對!」福爾摩斯説,「不過,用以下的算式計算,就不必一枚枚地逐行數啦!」

難題①:
請用以下算式計出那 5 枚郵票在版票上的排序號碼。

(答案可在第 56 頁找到)

20枚 ×(直行行數-1)+ 該行第?枚 = 版票上第?枚

從左至右地數 →

(版票:橫 1〜12,直 1〜20,每格為防偽字母郵票)

從上而下地數 ↓

「對了，你剛才說有人正在申請拍賣第二個 VR 黑便士的四方連，究竟是怎麼一回事？」華生向李大猩問道。

「是這樣的……」李大猩道出事情的前因後果。

原來，由於日前有人向**倫敦郵展暨拍賣會**申請拍賣一個 VR 黑便士的四方連，於是拍賣會暗地裏委託蘇格蘭場調查，看看那個四方連與亞歷克被偷去的 12 方連是否有關。因為，拍賣**賊贓**不但影響拍賣會的商譽，還可能惹上官非。

「原來如此。」福爾摩斯聽完李大猩的說明後，**狡黠**地笑道，「嘿嘿嘿，要查明來源並不困難啊。除非亞歷克監守自盜報假案，否則拍賣品的來源只有兩個：1、是新發現的珍藏品。2、是怪盜從 12 方連剪下來的賊贓。」

「可是，怪盜說已把手上的 4 枚 VR 黑便士剪碎和丟棄了呀。」華生說。

「華生，你太老實了。」福爾摩斯說，「那麼名貴的郵票又怎會有人捨得丟棄？怪盜那麼說只是為了**掩人耳目**，想順利地在拍賣會賣出他偷來的四方連罷了。」

「但正如你說那樣，也有可能是**新發現的珍藏品**呀。」狐格森說。

「是的，不過是否新發現的珍藏品，我看一眼就知道了。」福爾摩斯信心十足地說。

難題②：福爾摩斯為甚麼說一眼就能看出是否新發現的珍藏品呢？想不到也沒關係，福爾摩斯會在第 54 頁說出答案。

郵展開幕的前一天，賣家紛紛把珍郵拍賣品交給大會鑑定和保存。這時，福爾摩斯和華生已**喬裝**成職員，在大會的辦公室內恭候 VR 黑便士四方連賣家的到來。孖寶幹探則在暗處埋伏，伺機而動。

「啊，**伯恩哈特·阿斯米先生**，歡迎大駕光臨。」大會主任看到一個男人踏進門口，就故意揚聲喊出他的名字。

福爾摩斯和華生聽到後馬上提高警覺，悄悄地望向那個阿斯米先生。因為，他們已事先從主任口中得悉，VR 黑便士的賣家名叫阿斯米。

阿斯米高高瘦瘦，**一身紳士裝束**，表面上像個有錢人。不過，華生注意到，他穿的皮鞋雖然擦得發亮，但鞋頭已**嚴重磨損**，看來**相當殘舊**。

「我把 VR 黑便士四方連帶來了，請你看看。」阿斯米從口袋中掏出一個**小木盒**，在拍賣主任面前小心翼翼地打開。

「我是大會的鑑證人，讓我看看吧。」福爾摩斯趨前說。

「啊，是嗎？請隨便看吧。」阿斯米神態自若地應道。

不過，華生卻注意到他的眼神有點游移**不定**，看來**心中有鬼**。

「好漂亮……實在太漂亮了……」福爾摩斯用放大鏡邊看邊讚歎，「這個四方連毫無疑問是**真品**，不過……」

「不過？」阿斯米感到疑惑，「不過甚麼？」

「不過──」福爾摩斯突然大手一揮，指着阿斯米喝道，「這是你從亞歷克先生那兒偷回來的**賊贓**！」

亞歷克失去的 12 方連

阿斯米拿來
拍賣的 4 枚

從密碼盒
尋回的 4 枚

難題②答案　　怪盜寄回的 4 枚

「你⋯⋯你含血噴人！」阿斯米慌了，「這是我的傳家之寶，怎會是賊贓？」

「嘿嘿嘿，亞歷克先生失去了一個橫 4 × 直 3 的 12 方連。後來，怪盜寄回其中 4 枚，編號分別是 CA、CB、CC、CD。我們又破解密碼，從密碼盒內尋回編號為 AC、AD、BC、BD 的 4 枚。」福爾摩斯冷笑道，「即是說，12 方連中仍未尋回的 4 枚，編號應該是 AA、AB、BA、BB。無獨有偶，你現在拿來拍賣的四方連，編號也是 AA、AB、BA、BB，事實不是已寫在牆上了嗎？」

聞言，阿斯米大驚之下拔腿就逃。可是，李大猩和狐格森突然殺出，擋住了他的去路。

「我們是蘇格蘭場的警探，束手就擒吧！」李大猩怒喝。

「啊⋯⋯」阿斯米被嚇得雙腿一軟，就跪倒在地上。孖寶幹探馬上把他拘捕。

「阿斯米先生，你就是盜取亞歷克先生那個 12 方連的怪盜吧？」福爾摩斯問。

阿斯米垂頭喪氣地説：「是⋯⋯我就是怪盜。」

「哼！你這個郵票大盜，快説！除了此案之外，還作過甚麼案？」李大猩厲聲喝問。

「對！快從實招來！」狐格森也叫道。

「我⋯⋯我這是第一次犯案⋯⋯」

「你當我們是傻瓜嗎？」李大猩再罵，「第一次就能幹出這種大案嗎？你肯定是積犯！」

「不⋯⋯真的是第一次⋯⋯」阿斯米哭喪似的辯解，「我⋯⋯我媽媽病了整整一年，我花光了積蓄為她治病。這次⋯⋯實在沒有辦法，為了籌錢為她動手術，才⋯⋯才鋌而走險的⋯⋯」

「豈有此理！以為擺出一副可憐相就能搏得同情嗎？」李大猩揪起阿斯米的衣領破口大罵。

福爾摩斯想了想，湊到李大猩耳邊低聲説：「不，從整個案子的過程看來，我估計他説的是真話。」

「甚麼？不可能吧。」李大猩滿臉疑惑。

「你們過來一下。」福爾摩斯把孖寶幹探和華生拉到一旁説，「你們想想看，他偷了 12 方連後，竟寄回其中 4 枚，然後又用難題引導我們去找出另外 4 枚。最後，他只是留下一個四方連拍賣。如果他真是個慣犯，又怎會那麼大方？」

「以一個竊賊來説，確實太大方了。」狐格森雖感認同，但又馬上提出質疑，「不

過，他衣着光鮮，怎看也不像一個沒錢讓母親治病的人啊。」

「不。」華生插嘴道，「他表面上衣着光鮮，但皮鞋卻很殘舊，應該是外強中乾的窮光蛋。」

「嘿，華生，你的觀察力增強了不少呢。」福爾摩斯誇獎道。

於是，四人沉着氣再次審問，阿斯米就詳細地道出了他犯案的經過。

原來，他在犯案當晚潛入亞歷克家，是想偷錢和珠寶的。但在書房中卻看到一個VR黑便士的12方連，他幼時是個集郵迷，一看就知這個12方連價值不菲，於是就把它偷了。不過，他在郵品店打聽了一下，得悉一個四方連的價值已足夠為母親支付手術費，就決定把其餘的8枚歸還。

「那麼，你為何不一次過把8枚寄還，而要搞那麼多花樣呢？」福爾摩斯問。

「因為，我的目的是要把留下的四方連拿去拍賣，必須令亞歷克先生和警方相信，沒歸還的四方連已被銷毀。」阿斯米解釋道，「所以，我就故弄玄虛，先寄回4枚，然後要亞歷克先生破解難題才能尋回另外4枚。這樣的話，我看起來才像一個不講邏輯、視錢財如糞土的怪盜了。」

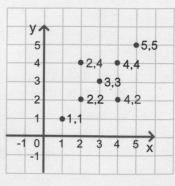

「你以為這樣，警方就會相信未歸還的4枚已被銷毀了？」福爾摩斯問。

「是的……為了急於籌錢，我……我沒法細想，只能出此下策……」阿斯米懊悔地說，「請……請原諒我吧。」

翌日，亞歷克從福爾摩斯口中得悉阿斯米的犯罪原因後，雖然並不認同為了籌錢就跑去偷東西，但也被阿斯米的孝心感動，於是馬上安排醫生為阿斯米的母親動了手術。此外，為了答謝成功破案，他還送了1枚三角形的珍郵給福爾摩斯作為謝禮。

「這枚珍郵看來相當值錢呢，不如轉手出讓賺些房租吧。」華生乘機建議。

「別開玩笑！」福爾摩斯一口拒絕，「房租可以拖，珍郵賣了就沒啦！我不會出讓的。」

「拖？你只是想我替你交租吧？」華生氣極。

「嘻嘻，這也是一個好辦法呢。」福爾摩斯賴皮地說。

可是，我們的大偵探沒想到的是，愛麗絲第二天來追收房租時找不到他，卻以為他放在桌上的這枚珍郵是普通郵票，一怒之下就拿來寄信了！

「哇呀！慘絕人寰呀！」福爾摩斯知道後抱頭大叫，「我要殺了那個臭丫頭呀！」

「哈哈哈！活該！」難得福爾摩斯受到懲罰，華生當然幸災樂禍地大笑了。

答案

第一題：

按 ALICK 字母，用算式順序找編號ＡＡ、ＬＬ、ＩＩ、ＣＣ、ＫＫ是版票上的第幾枚。

編號ＡＡ是第１枚，其他４枚是在版票上的：

20枚 ×（直行行數－1）+ 該行第幾張
= 版票上第幾張

編號ＬＬ = 20 ×（12 － 1）+ 12 = 232
編號ＩＩ = 20 ×（9 － 1）+ 9 = 169
編號ＣＣ = 20 ×（3 － 1）+ 3 = 43
編號ＫＫ = 20 ×（11 － 1）+ 11 = 211
從而串連到密碼是 1 232 169 43 211。

數學小知識：座標

平面的笛卡兒座標（直角座標）由一條橫軸（x軸）及縱軸（y軸）組成，當右圖要標示紅點位置時，如 x軸是 2，y軸是 4，就寫作 2,4；如 x軸是 4，y軸是 2，就寫作 4,2，以顯示於座標的位置。

故事提及 VR 黑便士郵票在版票上的排列，與座標的排法並不完全一樣，郵票編號的排列法是先取 y軸，再到 x軸，位置表示為「y軸，x軸」，與數學座標「x軸，y軸」剛好相反。

雖然這次的鬼屋沒有鬼，可是去探險也很好玩啊，哈哈哈～

哪裏好玩！差點嚇壞我了！

讀者天地

傅鈺淇

給編輯部的話 〔兒科加油！〕

今期科學Q&A很刺激！我十分喜歡看！尤其在記錄體重的部分！原來真的會減少體重！！！

人死亡時體重出現變化，可能是肺部不再發揮冷卻血液的作用，使遺體溫度上升，仍未停止運作的汗腺就會分泌汗水，於是使體重減低，不一定跟靈魂之說有關。

陸珈盈

給編輯部的話 考考你以下答案是？1+2+3……+58+59……+100，二？請用最快的方法。希望刊登 這是關於一個數學家小時候他的老師曾經問過的問題。

相傳這是「數學王子」高斯仍是小學生時所經歷的事情呢！他發現可把算式調位，寫成(1+100)+(2+99)+(3+98)+……+(50+51)，共50組括號，每組兩數相加都是101，所以答案是101×50=5050。

林芮因

給編輯部的話 第四次寫信給你 寫 今期的數學偵緝。寫得很好笑，為甚麼珉生他們會紅樂的那麼搞笑呢？ 刊

因為那是由繪畫漫畫版《大偵探福爾摩斯》的月牙老師所畫的，是否很可愛呢？

羅樂行

給編輯部的話 兒科加油！！ 今期的「DIY電風扇」真實用和環保！我還把它和測風儀結合，成功測出電風扇的風力呢！

是觀察測風儀的旋轉速度來估計電風扇的風力嗎？

電子問卷信箱

吳俊逸

今期的科學Q&A好恐怖 👀 我細佬睇完之後唔敢自己瞓覺 Zzz 😂（希望刊登）

其實那些「鬼怪」都可用科學原理解釋的，如果你再看看下集，就不會覺得恐怖了！

吳璧而

我很喜歡今期的diy電風扇，因為現在天氣很熱，我也正想買一個電風扇呢！現在我不用去買了，節省了不少零用錢 😄

哈哈，又能用來乘涼，又幫你省錢，那就好了！

Chan Ching ho

看完博弈論後，我終於知道如何和弟弟公平分配了，yeah！

博弈論還探討了不少處境和相應策略，值得一看呢。

IQ挑戰站答案

Q1. 切十字後再在中間橫切一刀，就可分成8等份。

Q2. 地球。夜晚地球遮擋了陽光，就是最大的影子。

Q3. 愛因獅子會勝出，因為1樓到3樓只須走2層，但1樓到地下3樓就要走3層。

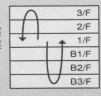

	3/F
	2/F
	1/F
	B1/F
	B2/F
	B3/F

55

KC 天文教室

天文

祝融號、毅力號齊闖火星路

梁淦章工程師
香港天文學會
太空歷奇

*1 火星日等於
地球的 24 小時 39 分

毅力號

2021 年 2 月 18 日着陸**傑澤羅環形坑**邊緣。截至 7 月 31 日，火星車已工作了 157 火星日*，巡視火星表面 1630 米，所攜的直升機亦飛行了 10 次，航程達 1600 米。

火星車按計劃採集岩石樣本並打包，留待 2030 年後派太空船着陸接回地球。

大瑟堤斯高原

毅力號
位處傑澤羅環形坑邊緣，這裏估計是古代河口三角洲的區域。

Photo credit : NASA

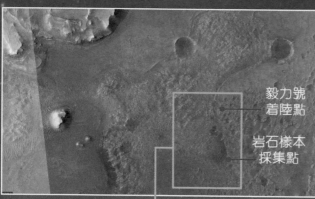

毅力號着陸點

岩石樣本採集點

▶這是毅力號與直升機在第 157 火星日時的所處位置。直升機第 9 次飛行時，筆直飛越火星車無法巡視的坑穴和沙丘地帶。

▼直升機第 10 次飛行首次在 12 米的高度航行，穿越險峻的山勢。

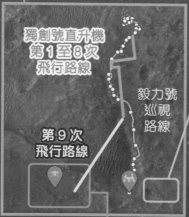

獨創號直升機第 1 至 8 次飛行路線

毅力號巡視路線

第 9 次飛行路線

着陸　　起飛

毅力號用激光氣化分解石塊表面，分析其成分的構想圖。

毅力號拍攝採集岩石樣本的現場。

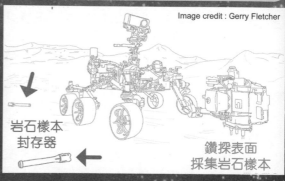

Image credit : Gerry Fletcher

岩石樣本封存器

鑽探表面採集岩石樣本

8 月上旬，毅力號開始採集岩石樣本，並把它們封存在容器內，留待 2030 年後派太空船接回地球分析，期待能找到古代生命遺跡。

烏托邦低原

位處烏托邦低原南部，這裏估計是古代海陸交界的區域。

祝融號

祝融號

　　2021 年 5 月 15 日着陸烏托邦低原南部，開展巡視探測，首個目標是南方降傘及背罩的着陸點。截至 7 月 30 日，火星車已工作了 75 火星日，巡視火星表面 708 米。

北↓着陸器

車輪軌跡

小型撞擊坑

▲向南途經一個幾米直徑的撞擊坑時，回頭拍攝 120 米外的着陸器。圖中右端明顯見到祝融號沿途的車輪軌跡。

西南

降傘及背罩

沙丘
（長 40 米，寬 8 米，高 0.6 米）

▲ 7 月初，在沙丘前 6 米拍攝 130 米外的降傘及背罩。前面正中的石塊寬約 0.34 米。

祝融號行駛路線圖

沙丘

降傘、背罩↓

圖例
★ 着陸點
● 導航點

Photo credit：CNSA

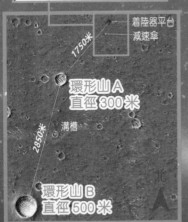

1750米

着陸器平台
減速傘

環形山 A
直徑 300 米

2850米

溝槽

環形山 B
直徑 500 米

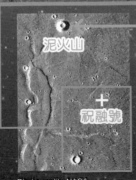

泥火山

＋
祝融號

7 公里外的泥火山

北

▲ 7 月 12 日距離降傘及背罩 30 米處拍攝，遠在 7 公里外的泥火山清晰可見（相信遠古活躍時噴發泥漿）。

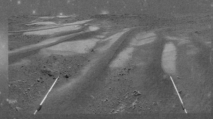

◀巡視探測途中拍攝了由風成或風積作用形成的沙丘。

▼左圖中的兩條桿是探地雷達的發射器和接收器，如下圖所示探測地層結構和水冰分佈。

實際地層結構

雷達數據顯示

▲ 8 月開始，祝融號繼續前行穿越更複雜而密集石塊、沙丘和撞擊坑的地形，沿途搜集數據。

Q1 為甚麼吃完飯不宜立即洗澡？

香港中文大學
生物及化學系客席教授
曹宏威博士

李彥敏　香港培正小學　五年級

當我們吃過飯後，血液都湧到腸胃附近幫助消化，其他地方的血液供應就相應減少。如果在飯後即時洗熱水澡，由於體表的溫度上升，血液會改流到皮膚表面，一來帶走了熱能，使身體降溫。二來腸胃附近的血也減少了，阻礙消化。

如果是洗冷水澡，更多了一層溫差疾變，使身體各處血管收縮，減低血液流動，同樣影響消化系統的血液流動。

總而言之，飯後最好等兩個小時才洗澡，不要和腸胃過不去。

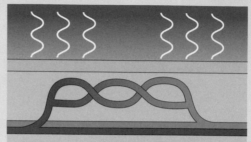

◄ 溫度上升時，皮膚底下的血管擴張，使血液加快流動來帶走更多熱能。

► 溫度下降時，皮膚底下的血管收縮，以減少因血液流動而帶走的熱能。

Q2 為甚麼家裏的貓總是能找到回家的路？

李泓灝　大角嘴天主教小學（海帆道）　一年級

我們不時看到寵物的趣聞，説牠們（貓或狗）有潛能不怕迷路，就算離家數十以至千里，也能覓路回家。我相信這些只可能是很特殊的個別例子。至於牠們眾多迷途遇害，就沒誰去跟進報道，因此數據失準。

▲在沙灘上剛出生的海龜依靠陽光、海浪和地球磁場等方法，找到通向大海的方向。

在大自然界中，的確有不少動物品種都會遠程回歸。例如海龜從大海游到千里以外的沙灘故岸去下蛋，非洲的大象也會成群結隊跋涉長途返回舊家園。科學家推斷牠們可能是感應地球磁場，循着方向找到前路。小小的糞金龜則以夜空中的銀河導航，把牠們收集起來的糞便球滾回到安全的地方。正因如此，靠星空導航的海鳥，在多雲的日子飛翔就易迷失方向。貓狗怎樣認路，同學們不妨將它作為一個實驗，請老師組織一下，看看能否找出答案？

為鼓勵讀者多思考多發問，編輯部將向被選中刊登問題的讀者寄出紀念品一份！

62

近百年來有不少科學家以量子力學為基礎，假設有很多個平行宇宙。

宇宙之間無法聯繫，但每個宇宙都有一個地球，也有一個你和我。

故事中多多BB的出現，看似令小太的未來改變方向。

現在　　未來

可是根據多重宇宙論，多多BB並非令小太轉向，而是產生了一個會與靜靜結婚的小太出來。

未來B

未來A

原本的小太最後仍然得和大蘭一起。

有些學者更認為我們每個決定都會分裂出一個新的宇宙，製造出無數個未來呢。

未來B　　未來C

未來A　　未來D

有人認為平行宇宙位於可觀測宇宙之外，也有人認為在另一個空間，總之是我們無法接觸的地方。

可觀測宇宙

直徑930億光年

好像很複雜……

66

糟糕，撞到人了！
沒反應，難道死了？
咦？這人很眼熟！
他不就是爺爺嗎？
嗖——
怎樣，有趣嗎？
居然要我挨撞……
很傷感……
故事主角返回60年前，卻令年輕的爺爺死亡。你們察覺到當中的問題嗎？

❶ 訂閱 兒童的科學 請在方格內打 ☑ 選擇訂閱版本

凡訂閱教材版 1 年 12 期，可選擇以下 1 份贈品：
□大偵探 太陽能＋動能蓄電電筒　或　□大偵探口罩套裝

大偵探 太陽能＋動能蓄電電筒　或　大偵探口罩套裝
（包含 10 片口罩及 1 個收納套）

訂閱選擇	原價	訂閱價	取書方法
□普通版（書 半年 6 期）	~~$210~~	$196	郵遞送書
□普通版（書 1 年 12 期）	~~$420~~	$370	郵遞送書
□教材版（書＋教材 半年 6 期）	~~$540~~	$488	☒OK便利店 或書報店取書 請參閱前頁的選擇表，填上取書店舖代號→
□教材版（書＋教材 半年 6 期）	~~$690~~	$600	郵遞送書
□教材版（書＋教材 1 年 12 期）	~~$1080~~	$899	☒OK便利店 或書報店取書 請參閱前頁的選擇表，填上取書店舖代號→
□教材版（書＋教材 1 年 12 期）	~~$1380~~	$1123	郵遞送書

❷ 訂閱 兒童的學習 請在方格內打 ☑ 選擇訂閱版本

大偵探指南針
背面有特別設計福爾摩斯圖案！

凡訂閱 1 年 12 期，可選擇以下 1 份贈品：
□大偵探指南針　或　□大偵探福爾摩斯 偵探眼鏡

或

大偵探
福爾摩斯
偵探眼鏡

訂閱選擇	原價	訂閱價	取書方法
□半年 6 期	~~$228~~	$209	郵遞送書
□ 1 年 12 期	~~$456~~	$380	郵遞送書

❶＋❷ 合計金額 $ ▢

訂戶資料

月刊只接受最新一期訂閱，請於出版日期前 20 日寄出。例如，
想由 10 月號開始訂閱 兒童的科學，請於 9 月 10 日前寄出表格，您便會於 10 月 1 至 5 日收到書本。
想由 10 月號開始訂閱 兒童的學習，請於 9 月 25 日前寄出表格，您便會於 10 月 15 至 20 日收到書本。

訂戶姓名：_____ 性別：_____ 年齡：_____ （手提）_____

電郵：_____

送貨地址：_____

您是否同意本公司使用您上述的個人資料，只限用作傳送本公司的書刊資料給您？

請在選項上打 ☑。　同意□　不同意□　簽署：_____ 日期：_____年_____月_____日

付款方法　請以 ☑ 選擇方法①、②、③或④

□① 附上劃線支票 HK$ _____ （支票抬頭請寫：Rightman Publishing Limited）

　銀行名稱：_____ 支票號碼：_____

□② 將現金 HK$ _____ 存入 Rightman Publishing Limited 之匯豐銀行戶口（戶口號碼：168-114031-001）。
　現把銀行存款收據連同訂閱表格一併寄回或電郵至 info@rightman.net。

□③ 用「轉數快」(FPS) 電子支付系統，將款項 HK$ _____ 轉數
　至 Rightman Publishing Limited 的手提電話號碼 63119350，現把轉數通知連同訂閱表格一併寄回、
　WhatsApp 至 63119350 或電郵至 info@rightman.net。

正文社出版有限公司
Scan me to PayMe

□④ 在香港匯豐銀行「PayMe」手機電子支付系統內選付款後，按右上角的條碼，掃瞄右面 Paycode，→
　並在訊息欄上填寫①姓名及②聯絡電話，再按付款便完成。
　付款成功後將交易資料的截圖連本訂閱表格一併寄回；或 WhatsApp 至 63119350；或電郵至
　info@rightman.net。

PayMe | ☒ HSBC

收貨日期　本公司收到貨款後，您將於以下日期收到貨品：

• 訂閱 兒童的科學：每月 1 日至 5 日　　• 訂閱 兒童的學習：每月 15 日至 20 日
• 選擇「☒OK便利店 / 書報店取書」訂閱 兒童的科學 的訂戶，會在訂閱手續完成後兩星期內
　收到換領券，憑券可於每月出版日期起計之 14 天內，到選定的 ☒OK便利店 / 書報店取書。
填妥上方的郵購表格，連同劃線支票、存款收據、轉數通知或「PayMe」交易資料的截圖，
寄到「柴灣祥利街 9 號祥利工業大廈 2 樓 A 室」匯識教育有限公司訂閱部收、WhatsApp 至
63119350 或電郵至 info@rightman.net。

訂閱雜誌

除了寄回表格，
也可網上訂閱！

兒童的科學 NO.197

香港柴灣祥利街9號
祥利工業大廈2樓A室
兒童的科學編輯部收

有科學疑問或有意見、
想參加開心禮物屋，
請填妥問卷，寄給我們！

大家可用
電子問卷方式遞交

▼請沿虛線向內摺

請在空格內「✔」出你的選擇。

我購買的版本為：01 □實踐教材版 02 □普通版

給編輯部的話

我的科學疑難/我的天文問題：

開心禮物屋：我選擇的禮物編號 [　　　]

請沿實線剪下

有關今期內容

Q1：今期主題：「時鐘大剖析」
03 □非常喜歡　　04 □喜歡　　05 □一般　　06 □不喜歡　　07 □非常不喜歡

Q2：今期教材：「大偵探時計」
08 □非常喜歡　　09 □喜歡　　10 □一般　　11 □不喜歡　　12 □非常不喜歡

Q3：你覺得今期「大偵探時計」的組合方法容易嗎？
13 □很容易　　14 □容易　　15 □一般　　16 □困難
17 □很困難（困難之處：＿＿＿＿＿＿＿＿）　　18 □沒有教材

Q4：你有做今期的勞作和實驗嗎？
19 □迷你觀景臺　　　　20 □實驗：圓滾滾星球實驗

請沿實線剪下

問　卷

讀者檔案

| 姓名： | | 男女 | 年齡： | 班級： |

就讀學校：

居住地址：

聯絡電話：

讀者意見

A 科學實踐專輯：
兒科村事件簿：建造大時計
B 海豚哥哥自然教室：中華白海豚也移民？
C 科學DIY：迷你觀景臺
D 科學實驗室：圓滾滾星球實驗
E IQ挑戰站
F 大偵探福爾摩斯科學鬥智短篇：
藍色的甲蟲（2）
G 活動資訊站

H 地球揭秘：剖析沙漠面貌
I 誰改變了世界：免疫學之父 詹納
J 科學快訊：蠍毒竟是治療新良方！
K 數學偵緝室：消失的黑便士（下）
L 讀者天地
M 天文教室：祝融號毅力號齊闖火星路
N 曹博士信箱：
為甚麼吃完飯不宜立即洗澡？
O 科學Q&A：時間是甚麼？

＊請以英文代號回答 Q5 至 Q7

Q5. 你最喜愛的專欄：
第 1 位 ₂₁_____ 第 2 位 ₂₂_____ 第 3 位 ₂₃_____

Q6. 你最不感興趣的專欄：₂₄_____原因：₂₅_____

Q7. 你最看不明白的專欄：₂₆_____不明白之處：₂₇_____

Q8. 你從何處購買今期《兒童的科學》？
₂₈□訂閱 ₂₉□書店 ₃₀□報攤 ₃₁□便利店 ₃₂□網上書店
₃₃□其他：_____

Q9. 你有瀏覽過我們網上書店的網頁www.rightman.net嗎？
₃₄□有 ₃₅□沒有

Q10. 你會訂閱《兒童的科學》嗎？
₃₆□會 ₃₇□不會，原因：_____

Q11. 你喜歡今年的訂閱贈品「大偵探口罩套裝」嗎？
₃₈□喜歡 ₃₉□不喜歡，原因：_____

Q12. 你有學習／有興趣學習哪種運動？（可選多於一項）
₄₀□足球 ₄₁□籃球 ₄₂□乒乓球 ₄₃□羽毛球 ₄₄□網球
₄₅□排球 ₄₆□壁球 ₄₇□游泳 ₄₈□劍擊 ₄₉□空手道
₅₀□跆拳道 ₅₁□柔道 ₅₂□武術 ₅₃□滑浪風帆 ₅₄□溜冰
₅₅□其他（請註明）：_____